国家林业和草原局普通高等教育“十三五”规划教材

# 家具产品
# 手绘表现技法

周雪冰　徐俊华　苏艳炜　主编

中国林業出版社
China Forestry Publishing House

**编写人员名单**

主　编：周雪冰　徐俊华　苏艳炜

副主编：陈新义　强明礼　袁　哲　郭　琼

参　编：武　倩　唐志宏　刘照祥

**图书在版编目（CIP）数据**

家具产品手绘表现技法 / 周雪冰, 徐俊华，苏艳炜主编. — 北京 : 中国林业出版社，2025.1
国家林业和草原局普通高等教育“十三五”规划教材
ISBN 978-7-5219-2616-3

Ⅰ. ①家… Ⅱ. ①周… ②徐… ③苏… Ⅲ. ①家具—设计—绘画技法—高等学校—教材 Ⅳ. ① TS664.01

中国国家版本馆 CIP 数据核字 (2024) 第 027619 号

策划编辑：田夏青
责任编辑：田夏青
责任校对：倪禾田
封面设计：睿思视界

---

出版发行：中国林业出版社
(100009，北京市西城区刘海胡同7号，电话：010-83223120)
电子邮箱：jiaocaipublic@163.com
网　　址：www.cfph.net
印　　刷：北京中科印刷有限公司
版　　次：2025年1月第1版
印　　次：2025年1月第1次印刷
开　　本：889mm×1194mm　1/16
印　　张：7.75
字　　数：240千字
定　　价：42.00元

# 序言

家具是兼具功能属性和艺术属性的一类家居产品。家具学科是工科与艺术学科相结合的交叉学科，是技术、艺术、文化融合的综合学科，因而家具相关专业的人才培养计划，必须在传统工科的基础上加强艺术素养的培育和艺术表现手法的训练。由西南林业大学周雪冰、徐俊华、苏艳炜老师主编，中南林业科技大学、山东工艺美术学院相关老师参编的《家具产品手绘表现技法》则较好地满足了家具学科专业建设和人才培养的需要。

本教材有效综合了工程制图、透视学，以及速写、素描等工科和艺术学科的知识，针对性地对手绘能力进行了科学系统、由浅入深、循序渐进的学习和训练。从平面到立体，从简单到复杂，从草图到成品效果图，从透视图类型的选择到不同材质的表现手法，均通过典型的案例进行图文和视频演示，从而可以在有限的学时内掌握家具产品的基本表现手法。

其实，中国家具行业的手绘草图和效果图历史十分悠久，从 20 世纪 40 年代上海现代家具的萌芽时期，“毛全泰”等一批海派家具的领头企业就为我们留下了一批珍贵的小样图等手绘图资料，并在上海家具公司一直保持这一传统手法，为中国的现代家具发展作出了历史性的贡献。只是随着时代进步和专业发展，这一传统并未得到普遍推广。目前，农林院校的家具相关专业缺少关于家具手绘表现技法的专业教材，大多借用建筑院校或艺术院校的建筑或工业产品的表现技法，本教材的编辑出版意义重大，值得庆祝。

本教材的出版发行，必将促进农林院校家具专业的教材建设和学科发展，以培养更多的应用型家具类专业人才，为中国家具行业的持续发展作出应有的贡献。

胡景初

2023 年 9 月

# 前 言

产品设计专业是一个涉及交通工具、电子设备、工艺品、家居用品及家具产品等众多领域的设计类专业，其本身包含的范围极广。根据自身特点的不同，国内高校产品设计专业设置的方向也有所不同。其中，农林类院校多以家具产品设计作为产品设计专业的主要方向。近年来，随着家具设计与工程专业在农林院校重新恢复建设，家具产品设计的影响力也得以提升，其他一些院校也将产品设计专业的主要方向调整为家具产品设计。调查发现，国内设置家具设计专业方向的高校已有 40 多所，且数量还在不断攀升。

遗憾的是，虽然家具产品设计方向已经历了 40 多年的发展历程，但最初并未设置手绘表现课程，长期以来多以工程制图的方式对家具产品进行呈现。21 世纪初，部分院校将“设计表现技法”课程纳入培养方案，但由于缺乏教材建设，所采用的教材多以室内设计手绘表现为主，侧重于将家具作为室内空间的陈设进行概括性表现，并未将其作为表现的主体；且手绘方法较为感性，缺乏对家具造型的科学和精确表达。也有部分院校采用以家居产品为主（涉及少量家具产品）的产品设计手绘教材，这类教材的手绘表现方法相对系统和科学，但由于教材作者并非家具设计专业科班出身，因此更注重对家具外观进行刻画，缺乏对结构、材料和工艺的表达。总体而言，目前在产品设计专业领域尚未出现以家具产品为主，兼具有系统性和权威性的手绘表现教材，对此类教材的编写是适时且必要的。

本教材的内容由家具产品手绘表现概述、家具产品手绘表现基础、家具产品中的基本形体及其投影、家具产品的材质表现、家具史中经典作品的逆向还原、家具产品设计手绘实践 6 个部分组成。第 1 章主要从产品手绘表现的概念、特点、类型及作用 4 个方面阐述家具产品手绘表现的内涵和外延。第 2 章主要讲述了家具产品手绘的工具和媒介、线条的种类及其绘制技巧、平面视图及其作用、透视的形成机制及其种类，以及针对初学者拟定的“描摹—临摹—逆向还原—正向表现”手绘训练思路。第 3 章主要讲述并演示了方体、圆柱体、球体、复杂形体及其对应家具产品的绘制，并对这些形体及产品的投影画法进行讲解和演示。第 4 章主要讲述了材质的基本要素、材质表现的工具和技法，重点对如何利用马克笔、彩铅等工具进行讲解和演示。第 5 章以家具史中不同种类和风格的 5 件经典家具产品为例，讲解它们的设计背景和理念，并通过手绘的形式对其进行多角度的逆向还原。第 6 章通过 11 个家具产品设计案例演示了手绘表现在家具产品设计构思阶段的应用过程，以期初学者能够初步了解家具设计工作。

总体而言，本教材具有以下特色和创新：一是教学内容的针对性。以家具产品手绘表现为主，突出了家具专业和学科特色。二是教学内容的时效性。针对当下设计类专业研究生考试中的快题设计进行了系统性讲解。三是手绘内容的完整性。以往的家具产品手绘教材多是对家具形体进行“线描轮廓式”的表现，本教材不仅通过不同类别的线条对家具形体进行细致表现，还增加了部分产品结构图、大样图、工艺流程图及应用场景图的表现，使学生能够全方位地理解家具产品手绘和家具产品设计。四是手绘表现的准确性和逻辑性。结合绘画领域和工程制图领域的相关理论，着重培养学生对产品形体进行有理有据的准确推导和表现，使手绘作品在具备美观性的同时，更具准确性和逻辑性；同时，此举也有利于使学生摆脱“只会临摹，不会构思和推敲”的困境。五是教学呈现方式的创新性。通过静态的手绘步骤图和动态的手绘视频相结合的方式呈现完整的手绘过程，使学生能够全面、直观地了解和掌握手绘过程。六是突出手绘表现和设计实践的连接性。家具产品手绘最终是为家具产品设计服务的，故本教材在第 6 章通过教学团队多年来的一些设计案例，完整地展现了手绘在整个家具产品设计构思阶段的应用。

本教材共包含 400 多张图片和 60 多个视频。其中多数图片和视频都是教学团队亲自绘制、录制、修正和剪辑而成。此外，本教材的定位是为初学者学习家具产品手绘提供入门参考。在认真学习本教材后，初学者或许达不到“画得好”的水平，但必定能达到“会画、敢画、画得准”的水平，并能够初步开展家具产品设计构思。

本教材由西南林业大学周雪冰、徐俊华、苏艳炜任主编，西南林业大学陈新义、强明礼、袁哲和华南农业大学郭琼任副主编，中南林业科技大学唐志宏、刘照祥和山东工艺美术学院武倩参编。其中，第 1、3 章由周雪冰、徐俊华编写，第 2 章由周雪冰、强明礼、苏艳炜编写，第 4 章由武倩、刘照祥、唐志宏编写，第 5 章由袁哲、陈新义编写，第 6 章由周雪冰、郭琼编写。

本教材的编写与出版，承蒙西南林业大学和中国林业出版社的筹划与指导。此外，本教材编写过程中还参考了国内外相关教材和知网数据库中的文献资料，在此向相关作者表示最诚挚的谢意。愿我们共同努力，一起为祖国培养更多、更优秀的人才。同时，也向所有关心、支持和帮助本教材编写的出版单位和人士表示感谢。

由于手绘表现涉及技巧和方法众多，加之编者的积累与水平有限，书中难免存在许多不足，在此恳请读者提出宝贵意见，不吝斧正。

2023 年 9 月

# 目　录

# 第1章
# 家具产品手绘表现概述

**本章提要**

家具产品手绘表现是进行家具产品设计的一项重要技能，它不仅有利于设计者开展方案的构思与推敲，也有利于设计者快速、高效地与生产者和消费者进行沟通，进而对方案进行及时的修正与完善，推进设计进程。本章将对家具产品手绘表现的概念、特点、类型和作用进行重点介绍，全面阐释其内涵和外延。

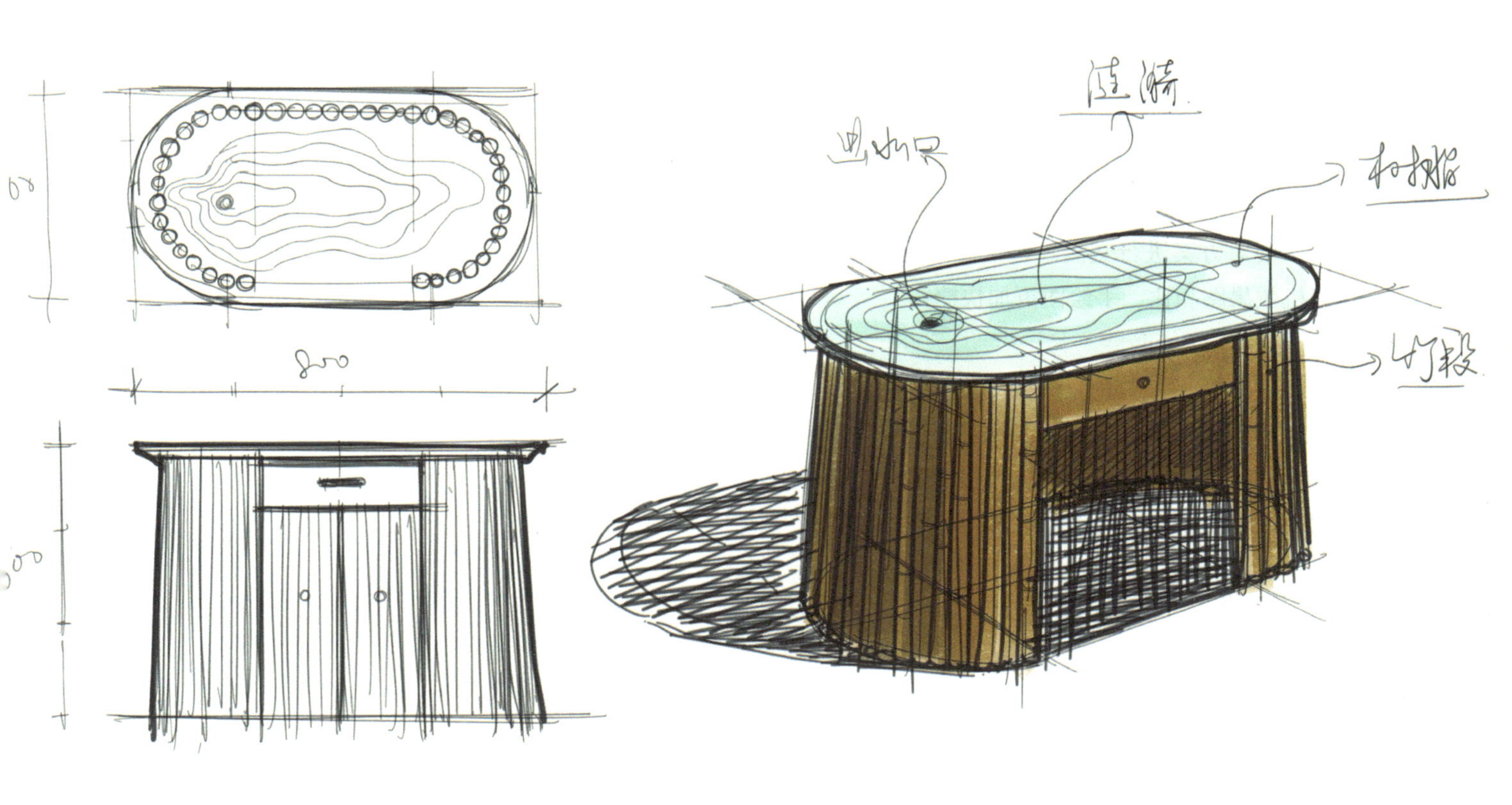

## 1.1 家具产品手绘表现的概念

家具产品手绘表现是指设计者借助笔、纸、尺或电子设备等工具和媒介，运用多种技法，以多种图画表现形式（平面图、透视图、细节表现图、使用场景图等）将抽象的家具产品概念快速呈现为具象形态的创造性过程。它是设计者进行家具产品设计构思的基本手段和工具，也是设计者与生产端和销售端沟通、协调的重要媒介和桥梁。

## 1.2 家具产品手绘表现的特点

### 1.2.1 直观性

通过对家具产品进行手绘表现，可以将想象中抽象的家具概念具象化地呈现在纸面上，使人能够全方位、多角度地了解家具产品的造型、结构、材质和功能等内容。相对于口头表述及文字表达，手绘图可以让专业的设计、生产人员，甚至非专业人员一目了然地了解家具产品的设计思路和设计目的。

### 1.2.2 方便性

家具产品手绘表现所用工具主要是易得、便携、易用的笔和纸，且基本不会受到时间和空间的限制，设计者可随时随地开展此项工作，便捷性可见一斑。

### 1.2.3 快捷性

利用手绘表现，设计者可以快速地表达出自己对家具产品方案的构思，以便对方案进行交流、讨论、修改和完善。与用 3D 建模软件绘制计算机效果图相比，手绘图更加快捷。

### 1.2.4 经济性

家具产品手绘表现的经济性主要体现在两个方面：一是手绘所需的工具和材料使用较为普遍，且价格低廉；二是手绘表现比软件作图更加快捷，便于修改，有利于节约时间和资源成本。

### 1.2.5 实用性

家具产品手绘表现是从传统绘画中发展而来的，两者在技能与技巧上有许多的共通之处，但作用和本质则有所不同。家具产品手绘表现的基本功能是对设计者的构思进行直观的记录与呈现，美丑与否并不重要，重要的是它所记录与呈现的内容要清楚、准确，便于后期的沟通与交流。也就是说，解决问题的实用性对于家具产品手绘是第一位的，而引发人们愉悦感的艺术性和美观性则属其次。

## 1.3　家具产品手绘表现的类型

家具产品设计的过程是“方案构思—评价—方案具体化—再评价—各部细节设计”这样一个循序渐进的过程。在设计过程中的不同工作阶段，思考的重点不同，表现技法也有层次上的不同。根据家具产品设计工作的进展阶段，家具产品手绘图可分为手绘草图和手绘成品图。

### 1.3.1　手绘草图

手绘草图主要用在产品设计前期的资料收集、方案构思和设计沟通阶段，主要面向设计团队内部。手绘草图不但有记录和表达的功能，还反映了设计者对方案进行构思和推敲的过程。在方案设计的开始阶段，运用草图绘制的方式，可以把一些模糊的、不确定的想法从抽象的头脑思维中延伸和呈现出来，便于通过这种直观的形象来发现问题，敏锐地捕捉设计过程中随机的、偶发的灵感，之后再进一步实现对设计要求的不断趋近（图 1–1）。根据设计表现的不同阶段和详略程度，可将手绘草图分为头脑风暴草图和概念草图。

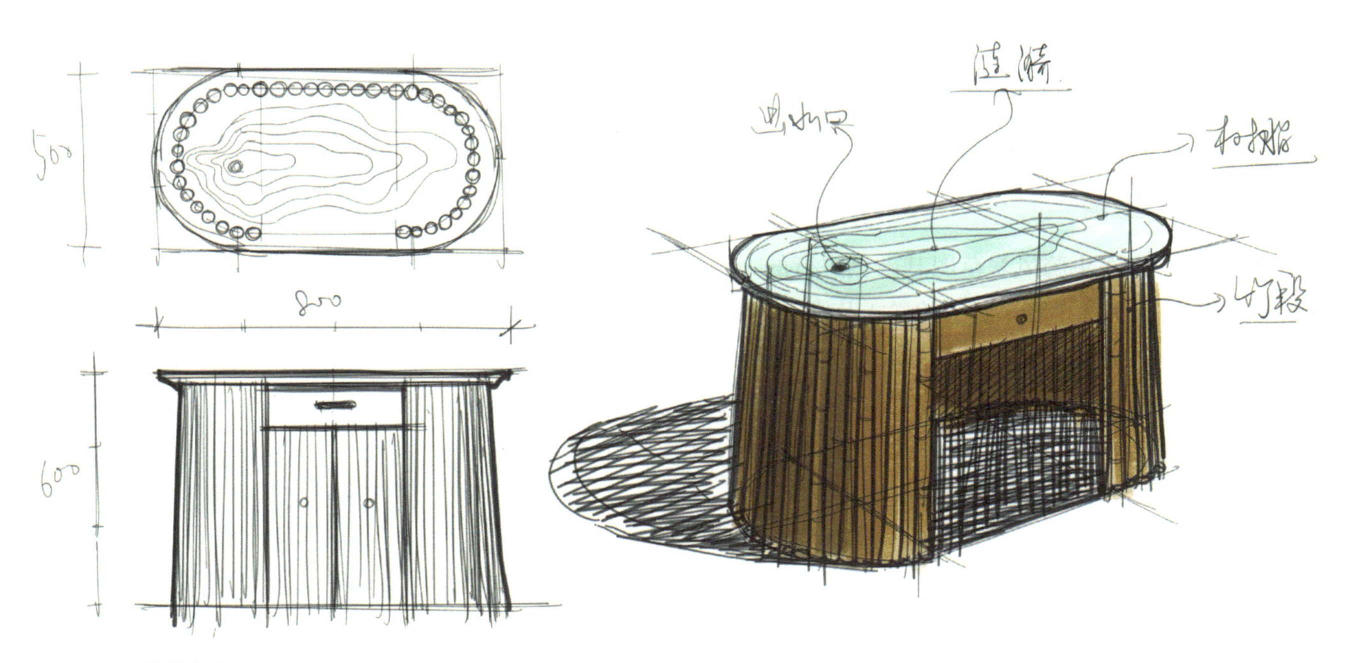


**图 1–1　圆竹茶桌草图表现**

#### 1.3.1.1　头脑风暴草图

头脑风暴草图是设计草图的最初阶段，是设计者在查阅相关资料后，结合自身经验，在极短的时间里将脑海中涌现的诸多灵感进行快速呈现而获得的一种草图形式。头脑风暴草图的特点是：高度的多样性，较少的细节，极少或根本没有色彩、材质和光影，十分潦草，具有跳跃性、联想性和直观性。如图 1-2 所示的一系列竹凳的头脑风暴草图，为了在短时间内能够记录更多的灵感，设计者只是概括性地呈现出竹凳的主要特点，且大部分都只是表现出竹凳的侧视图，并未对其透视效果或细节进行深入刻画。

**图 1-2 竹凳的头脑风暴草图**

### 1.3.1.2 概念草图

概念草图是在头脑风暴草图基础上进行的一种有目的的筛选和深化，通常会有较多的色彩、更少的样式及确定的设计方向，用于探索和解决实际问题。同一个问题的不同解决方案通常会以相似的方式展现，以便更加客观地比较和选择，如分析和比较使用方式、生产要求或材料选择等。如图 1-3 所示，设计者将头脑风暴草图中最后一个方案进行了深化，大致阐明了圆竹座凳的制作流程。

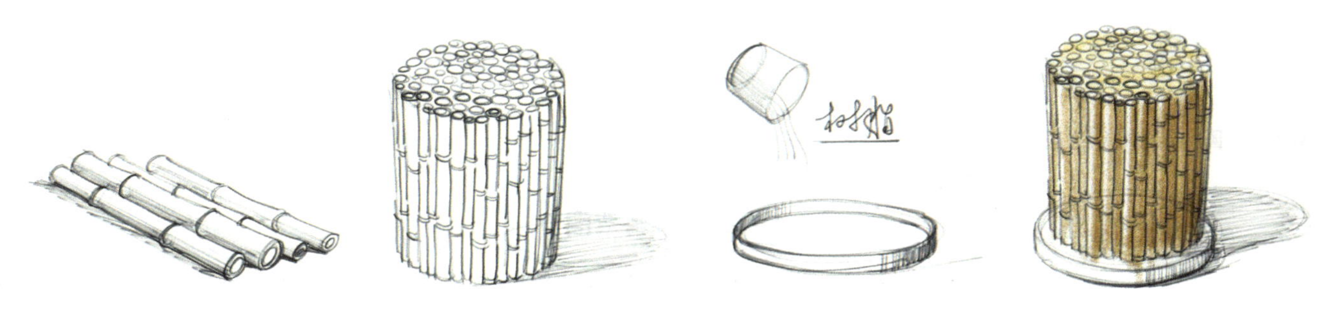

**图 1-3 圆竹座凳的制作流程示意图**

### 1.3.2　手绘成品图

手绘成品图是在设计草图表现基础上进行的深化，能更加细致地表现家具产品，从而显示更准确的细节，探索更微妙的变化，使得家具产品的表现更加真实和动人。手绘成品图主要面向设计团队外部，用于向其他部门或团体进行展示、汇报和沟通。为了让更多的人了解设计者的创意和构思，设计者对家具形体的塑造开始清晰化、明确化，将产品的透视和形体关系（尺度、比例、位置、方向等）、局部细节、材料质感等全面综合地反映出来。一般包括产品的三视图、多角度透视图、局部细节图和材质分析图，有时也会增加生产爆炸图及使用场景图等，使画面氛围更具感染力和真实性。如图 1-4、图 1-5 所示。

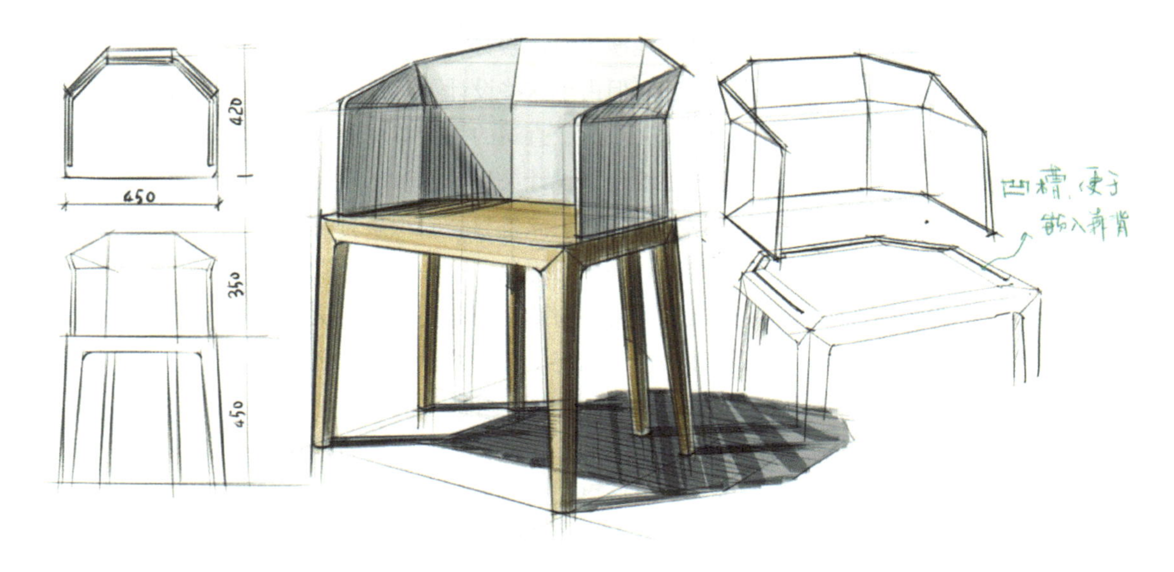


**图 1-4　以短裙为原型的凳子设计成品图**

**图 1-5　LCW 休闲椅的逆向分析成品图**

# 1.4 家具产品手绘表现的作用

从以上家具产品手绘表现的概念、特点及类型的阐述中可以发现，家具产品手绘表现无论是在设计者呈现设计思路、理念和设计形象的过程中，还是在设计者与生产端、销售端的沟通、协调过程中，都发挥着不可替代的作用，是设计者需要具备的基本素质。

## 1.4.1 对设计阶段的作用

在设计阶段，家具产品手绘表现有利于家具设计师记录设计灵感，激发设计想象，呈现设计形象和设计思维，提高设计效率。

在家具设计初期，设计者往往会广泛地搜集设计素材，并进行大胆的联想或想象，进而产生相关的设计灵感。但由于这些设计灵感是稍纵即逝的，具有突发性和不可描述性，因此，快捷、直观的手绘草图便成为设计者记录灵感的首选工具。在通过手绘记录设计灵感的同时，设计者的大脑并不会停止工作，而是会根据自身的知识储备与经验积累对手绘记录进行更加深入和广泛的对比与推敲、联想与想象。这一阶段是设计者确定设计方向的感性阶段，手绘表现可使手与脑达到高度互动，从而最大程度地激发创新思维、发掘设计潜能。确定了明确的设计方向之后，设计者往往还需对方案进行理性而深入的推敲、调整和优化，此时，设计者往往会通过更加完善和准确的手绘成品图来呈现家具的外观、结构、生产工艺、使用场景等内容，以便更加全面地呈现产品的设计形象和设计思路、理念等内容，进而展开更加广泛的讨论，推进家具设计的进度，提高设计效率。

## 1.4.2 对生产阶段和销售阶段的作用

家具产品手绘表现有利于促进设计端与销售端和生产端有效连接，提升研发效率，降低生产出错率，提高家具产品的市场满意度。

在家具设计项目开始之前，设计者往往需要进行市场调研，洞悉市场需求。在与消费者的沟通过程中，如果设计者可以将他们对产品构想的语言描述通过手绘快速呈现出来，并以此为媒介与他们进行反复沟通，则不仅可以缩短调研周期，提高调研效率，也可以精准捕捉到消费者的需求和消费热点，有效提高最终产品的市场满意度。

在家具设计评估阶段，销售部门和生产部门往往也会根据市场需求和生产条件对研发产品提出修改意见。为避免多次重复沟通，设计者往往会利用手绘对方案进行现场调整和修改，并与销售部门和生产部门及时沟通和确定新的设计方案，大大提升了产品的研发效率。

此外，在家具生产阶段，也往往需要设计者亲临现场，对家具生产过程中容易忽视的细节进行沟通，对已经出现的生产失误进行及时调整。此时，设计者往往也会通过手绘和语言等多种方式进行沟通和指导。

## 思考题

1. 试阐述家具产品手绘表现的概念。
2. 试阐述家具产品手绘表现的特点。
3. 手绘草图一般着重表现家具产品的哪些内容?
4. 手绘成品图一般着重表现家具产品的哪些内容?
5. 试阐述家具产品手绘表现的作用。

# 第2章 家具产品手绘表现基础

**本章提要**

本章的主要内容有：家具产品手绘表现的工具和媒介；线条的种类、绘制技巧与方法；平面视图及其作用；透视的形成机制及其种类，视角对透视的影响，以及利用手绘对不同视角的物体进行快速表现的方法等；针对初学者拟定的“描摹—临摹—逆向还原—正向表现”手绘训练思路。

其中，线条和透视图两部分是本章的重点。如果说线条是家具产品手绘表现的基础，那么透视理论就是家具产品手绘表现的重要理论依据，两者相辅相成，缺一不可。只有理解并掌握了透视理论，才能将不同方向、不同尺度的线条科学有序地组织成一幅准确且完整的家具产品手绘图。

## 2.1　工具和媒介

工欲善其事，必先利其器。家具产品手绘表现的“器”是指它所依赖的工具和媒介，一般分为笔、尺、纸等传统工具和媒介，以及压感笔、数位屏、绘图软件等电子工具和媒介。只有对它们的种类、特点进行充分的了解，并勤加练习和体验，才能达到熟练地选择、驾驭不同工具和媒介来表达不同产品效果的目的。

### 2.1.1　传统工具和媒介

在传统工具和媒介中，笔是手绘的主要绘制工具，尺是辅助工具，纸则作为承载和表现家具产品手绘图的媒介。理论上讲，所有种类的笔、纸和尺都可以用于家具产品手绘表现，但是，如果想要使绘制过程更加顺畅，或者要将家具产品绘制得更加专业，还是需要对不同类型的笔、尺和纸的特点加以了解和筛选。

#### 2.1.1.1　笔

（1）线稿用笔

家具产品手绘表现中，常用于绘制线稿的笔有铅笔、圆珠笔、勾线笔、针管笔、钢笔等（图 2–1）。其中，铅笔具有可反复修改和多角度使用的特性，且能够随着力度大小的变化表现出轻重感，进而使画面呈现出层次感，因此较适合初学者使用。圆珠笔笔迹虽无法修改，但和铅笔一样能表现出轻重层次，初学者在初步熟悉了手绘表现技法之后，也可使用。例如，对于不够确定的线条，可以先用较轻的笔触试画，待画稿初步成型之后，再用重笔触将需要强调的线条突出表现。勾线笔、针管笔和钢笔等工具较难表现出轻重层次，大多需要手绘者一次成型，需要具有稳定、精准和熟练的绘画技巧，不适合初学者用来绘制复杂的手绘稿；不过，初学者如采用慢画法，或绘制相对简单的线稿，或绘制已成型线稿的轮廓线，也可使用。

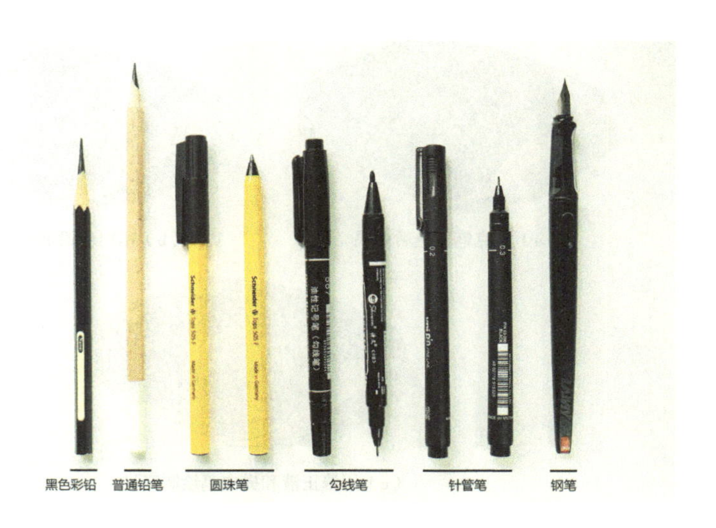


图 2–1　线稿用笔

需要注意的是，绘制线稿用的铅笔最好选用彩色铅笔系列里的黑色铅笔，这种铅笔软硬适中，质地均匀，层次丰富，且阻尼感适中，易于控制线条的方向和深浅。普通铅笔光滑度较高，阻尼感较弱；另外，普通铅笔型号较多，如果想要用一支笔画出更多的轻重层次，最好选择4B以上的型号。圆珠笔、针管笔、勾线笔、钢笔的选择以笔尖不积墨和出墨均匀为宜。

（2）色彩表现用笔

常用于色彩表现的笔有马克笔、彩色铅笔、色粉笔等（图 2–2）。马克笔具有快干、便携、颜色多样、铺色速度快和表现力强等特点；与马克笔相比，彩色铅笔存在铺色速度慢、表现力弱等缺点；色粉笔则存在操作难度高、易脱粉的弊端。虽然马克笔也具有色彩过渡不自然、不同色彩交界处较难处理等缺点，但瑕不掩瑜，它仍是家具产品手绘色彩表现的首选，也是本教材将着重讲解的色彩用笔。马克笔的种类和品牌众多，对于初学者而言，可选择法卡勒或 STA 品牌，它们价格适中，色彩丰富，虽存在色彩过渡不自然的现象，但足以作为初级训练用笔；犀牛、COPIC 和 AD 品牌的马克笔价格昂贵，但它们色彩稳定，不易变色和褪色，且色彩之间的过渡较为自然，专业设计师多选择这 3 个品牌作为色彩表现用笔。

除了马克笔之外，也可在熟悉了各种色彩表现工具后，选择适合自己的工具，或合理地综合利用多种工具。

（3）修正用笔

修正用笔主要包括提白笔、修正液和彩色铅笔系列里的白色铅笔（图 2–3）。严格意义上讲，提白笔和修正液属于同类工具，只是提白笔的笔尖较细，往往用于绘制细长的高光，或突出产品亮面的边缘；修正液则适于绘制不规则形状的高光，或用于涂改绘制过程中的错误。白色铅笔除了具备前两者的功能之外，还适合进行大面积提高色彩亮度，只是由于本身的覆盖力较弱，提亮效果相对弱一些。三者的实际应用效果如图 2–4 所示。总之，3 种修正笔各有所长，初学者可根据实际情况灵活变通使用。

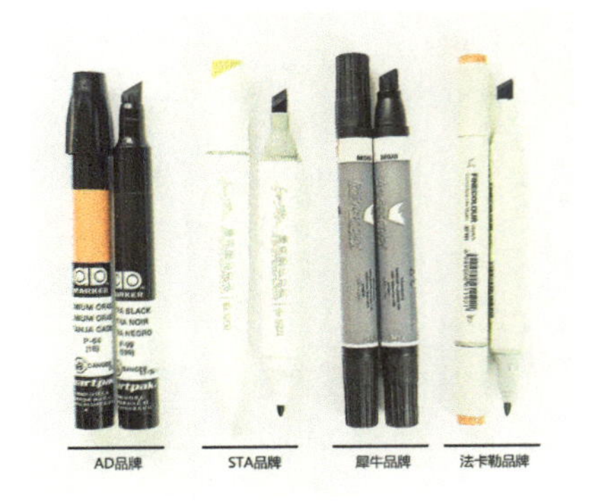


（a）马克笔

（b）彩色铅笔

（c）色粉笔

图 2–2　色彩表现用笔

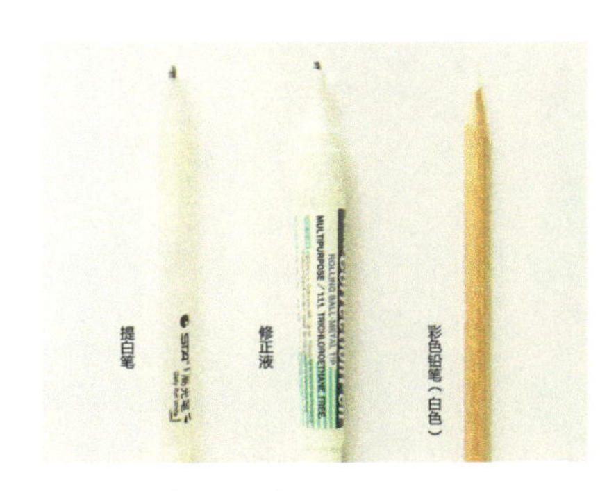


图 2–3　修正用笔

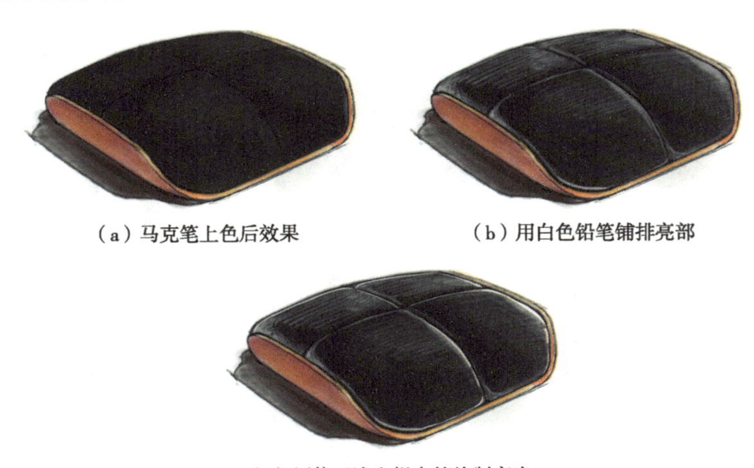

（a）马克笔上色后效果　（b）用白色铅笔铺排亮部

（c）用修正液和提白笔绘制高光

图 2–4　修正用笔的绘制效果

### 2.1.1.2　尺

尺是用来绘制直线、曲线、形状等的辅助工具，也是用来测量尺寸、角度等的量度工具，大致可分为直尺、曲线尺、角度尺、模板尺（内部包含不同大小的形状），如图 2-5 所示。尺是工程制图中必不可少的辅助工具，但在家具产品手绘表现中，对精准度的要求不会像工程制图那么高，为了提高绘制效率，多以徒手快速表现为主。初学者在手绘训练前期可借助尺子进行绘制，但必须通过对不同类型线条技巧的大量练习，尽快摆脱对尺的依赖。

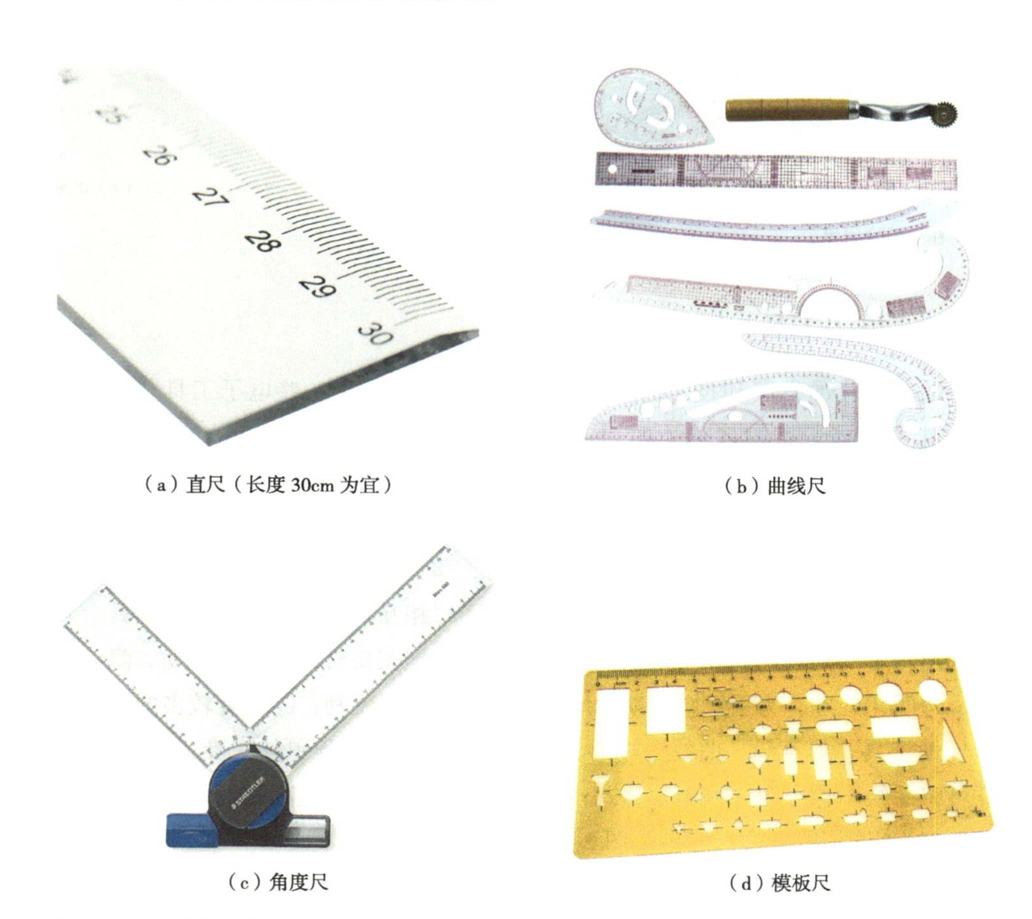


（a）直尺（长度 30cm 为宜）

（b）曲线尺

（c）角度尺

（d）模板尺

**图 2-5　不同种类的尺**

### 2.1.1.3　纸

纸是承载和表现家具产品手绘图的主要媒介。绘制线稿对纸的要求不高，但用马克笔进行色彩表现时，由于其墨水具有渗透性和晕染性，最好选用表面光滑、结构致密、吸水性好、厚度适中的纸张。本教材中提到的纸张俗称马克纸，通常在 120g/m$^2$ 以上，如图 2-6（a）所示。另外，对于初学者而言，也可准备一些透光性较好的硫酸纸，用于手绘训练初期的家具产品描摹，如图 2-6（b）所示。

（a）马克纸

（b）硫酸纸

图 2-6 手绘用纸

## 2.1.2 电子工具与媒介

随着时代的发展和技术的进步，手绘领域也诞生了一些电子工具和媒介，其主要基于绘图软件（如 Photoshop、Sketchbook、画世界 Pro 等），以压力感应工具（压感笔）在电子媒介（如数位板、数位屏、平板电脑等）上进行手绘创作。其主要优势有：①画笔类型极为丰富，并可灵活调整画笔的粗细、深浅和颜色等因素；②可通过“撤销”和“重做”命令对手绘图进行反复调整和修改；③可建立多个图层，每个图层相互独立，绘制者可根据具体情况将不同内容绘制在不同的图层上，也可根据需要对图层进行移动、隐藏、透明化处理，为手绘图后期的展示和修改提供了便利；④拥有较多的图形辅助工具，如直线、曲线、矩形、圆形等，使手绘过程更加精准、高效；⑤可将手绘图保存为多种图片格式，部分软件还可将手绘过程进行录制，之后保存为视频格式。如图 2-7、图 2-8 所示。

（a）电子手绘板

（b）平板电脑

图 2-7 电子工具

（a）Sketchbook 操作界面

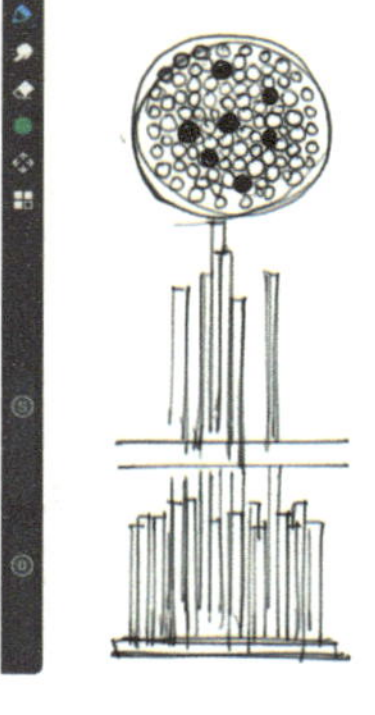

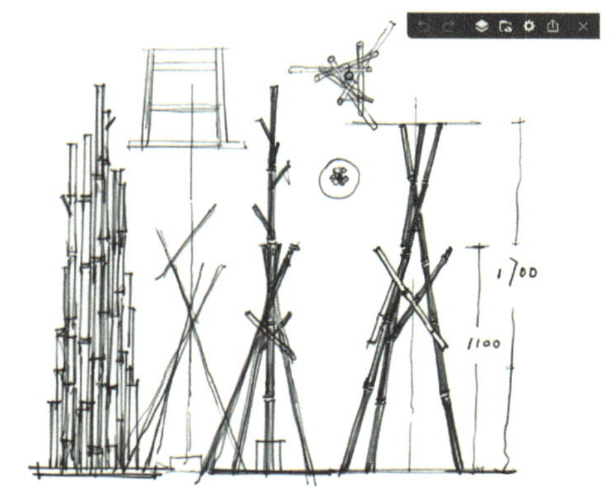


（b）画世界 Pro 操作界面

**图 2–8　手绘软件操作界面**

电子工具和媒介为画笔选择、画面调整和修改、提高绘制的精准度等方面提供了诸多便利，因此，使用电子工具和媒介进行手绘表现逐渐成为一种趋势。但电子工具和媒介的这些便利也会产生一些负面影响。例如，由于其具有可反复调整和修改的特性，一些绘制者为了追求画面效果，总是纠结于个别不准确的线条或色彩，对它们进行无限制的修改，进而消耗了大量的时间成本，使得手绘失去了快速表现的意义；有些绘制者由于手绘功底薄弱，在绘制难度较高的图形（如圆形、弧线等）时过度依赖图形辅助工具，忽视了对这些图形的基础练习。这些都限制了绘制者手绘能力的提升。

总体而言，使用传统工具和媒介仍是家具产品手绘表现的主流，也是进行手绘练习的重中之重。只有熟练掌握传统工具和媒介的手绘技法，才能在使用电子工具与媒介时做到胸有成竹、事半功倍；同时，不至于对电子工具与媒介产生过度依赖。

## 2.2　线　条

线条是构成家具产品手绘表现的基础元素，一幅手绘图可以没有色彩，但必须要依托线条来构建产品的形体。如果把一幅完整的手绘图比喻为一栋建筑，那么线条则可视为这栋建筑的骨架，色彩和材质则是依附在骨架上的表皮。建筑无骨架则不挺，手绘无线条则不立。线条是手绘的基础和灵魂，是手绘训练的重中之重。

### 2.2.1　线条的类型

按照线条所要表达的内容来分，可将其划分为轮廓线、分型线、结构线、剖面线以及辅助线。为便于理解，以下将结合图 2–9 中的座凳手绘效果图对不同类型的线条进行讲解。

图 2-9　座凳手绘效果图

### 2.2.1.1　轮廓线

轮廓线是为了区分形体与背景、形体与形体以及形体自身结构之间的前后空间关系而绘制的线条，包括家具产品整体形态与背景，或两个家具形体之间形成的整体轮廓线（如图 2-10 中座凳的外围轮廓），以及因产品本身结构存在前后空间关系而形成的局部轮廓线（凳面中心位置的圆形轮廓）。为突出形体，轮廓线通常用较粗的线条来表现。

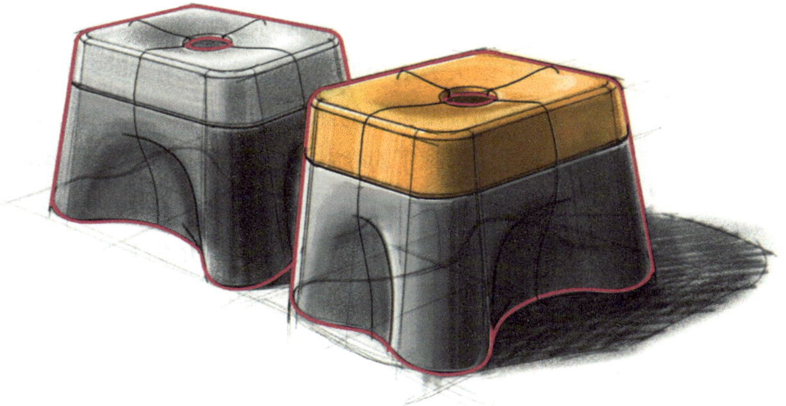

图 2-10　座凳的整体轮廓线与局部轮廓线

### 2.2.1.2　分型线

分型线是指因家具产品拆分或组装的需要，一件家具产品通常是由若干零部件组合而成的，这些零部件相互拼接时会产生一定的缝隙，称为分型线。如图 2-11 所示，座凳的座面与底座之间就需要用分型线进行强调和区分。

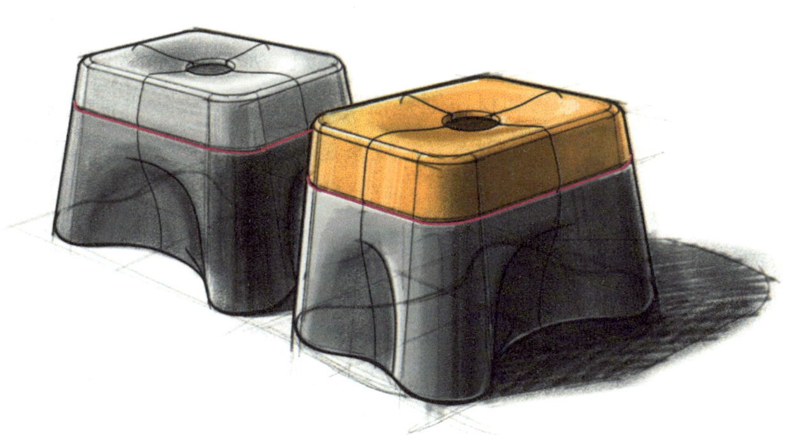

图 2-11　座凳座面与底座之间的分型线

#### 2.2.1.3　结构线

结构线是指家具产品各零部件上不同方向的面与面转折所形成的形体转折线，这种转折与形体变化关系真实存在于产品形态表面，也是决定产品形态的骨架。在家具产品表现过程中，结构线是常用的造型手段，它能使产品更加具有立体感和层次感。

在一个形体中，结构线的数量通常是最多的，而且在某些情况下，结构线会与轮廓线发生重合或不重合的情况。图 2-12 和图 2-13 所示分别为直角方体和圆角方体，由于面与面转折的角度和形状不同，直角方体的边缘结构线与轮廓线发生重合；而圆角方体的边缘结构线与轮廓线则未重合。值得一提的是，同样是弧形转折面，由于受观察角度和距离远近的影响，结构线和轮廓线也会出现重合与不重合两种情况。图 2-14 中的红色线条为座凳的结构线，如果仔细观察其座面顶部的结构线与轮廓线，则会发现，前方座凳的顶部结构线未与轮廓线重合，而后方座凳的顶部结构线与轮廓线重合在一起（图 2-15）。究其原因，是因为后方座凳距离观察者较远的缘故。

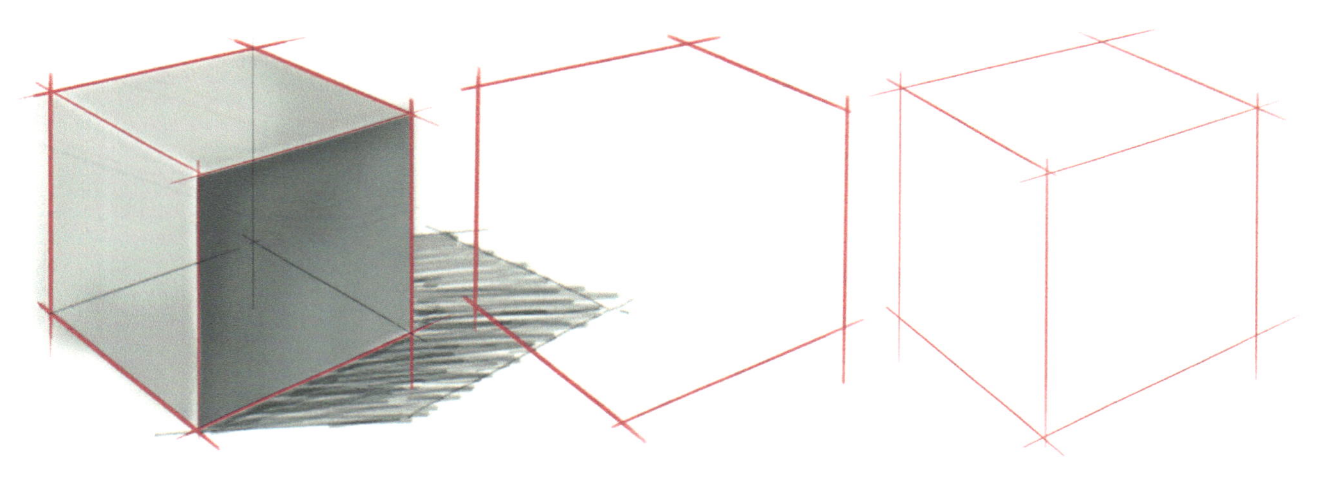

**图 2-12　直角方体的结构线与轮廓线分析**

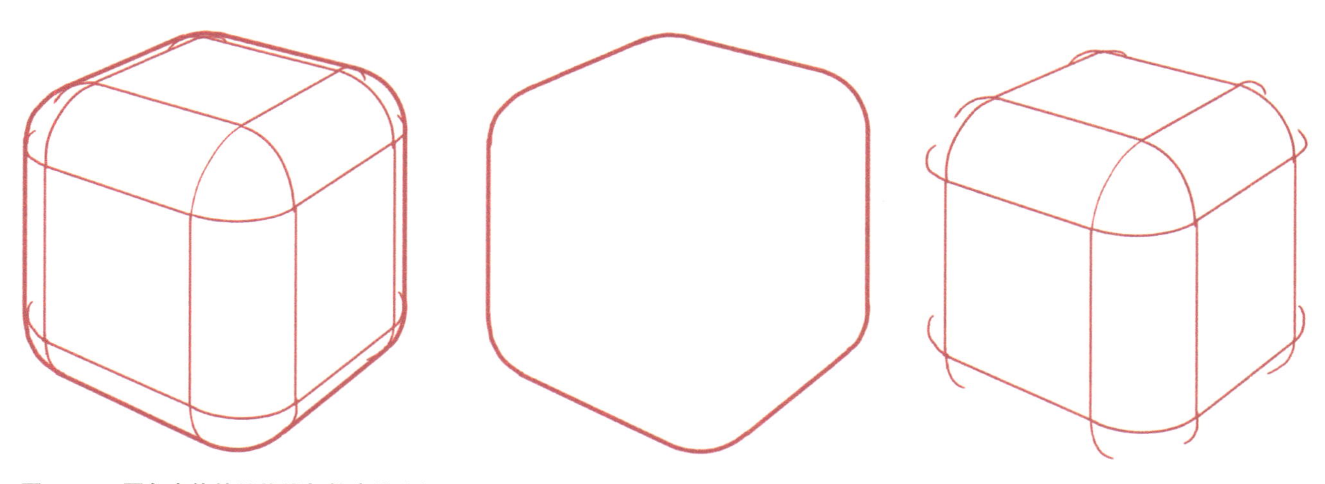

**图 2-13　圆角方体的结构线与轮廓线分析**

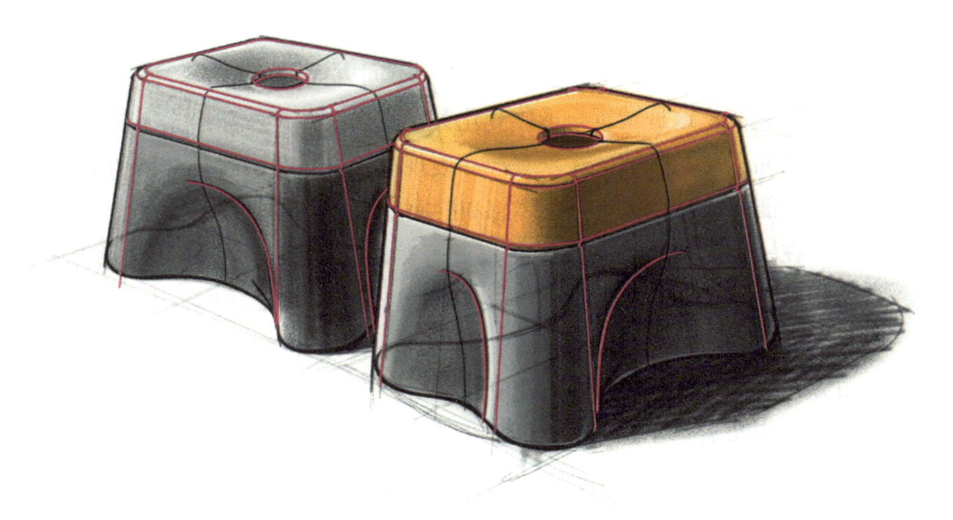

图 2-14 座凳的结构线分析

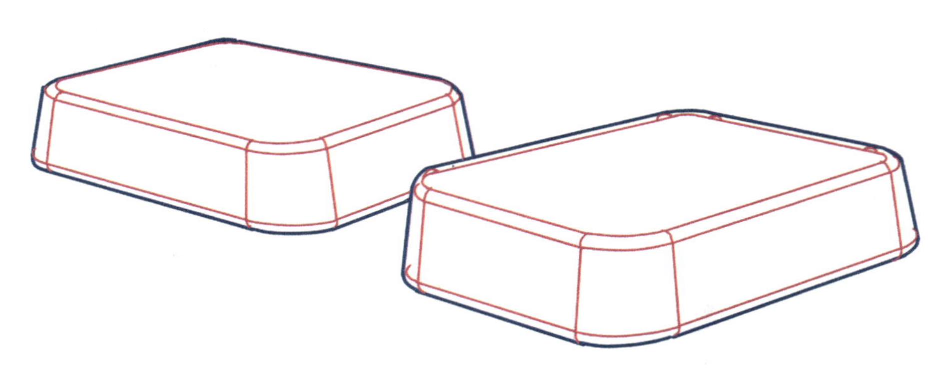

图 2-15 座凳座面的结构线与轮廓线分析

在座凳的 4 个侧面中，各有一个因凹陷形成的渐变曲面，它的转折非常平缓，理论上可认为此处并不存在结构线。但为了使结构的转折效果更加明显，往往会用笔的侧锋沿着渐变曲面的内侧扫出一条“中间重两头轻”的线条，如图 2-16（a）所示。这根线条是理性思考和推敲的结果，它可以被认为是曲面转折处的轮廓线，也可被当作面的转折所形成的结构线。由于轮廓线大多位于形体的外侧，因此本教材将其看作是结构线中的一种特殊类型。

这种结构线的精准绘制过程比较复杂，首先，以渐变曲面的底部轮廓和侧剖面轮廓为基准，绘制出它在由外向内不同深度上的蓝色剖面线，如图 2-16（b）所示；其次，以蓝色点和红色点为基准，绘制出一条平滑的曲线，即是此曲面的结构线，如图 2-16（c）所示。

### 2.2.1.4 剖面线

剖面线是一种假想线条，它并不存在于家具产品表面，而是为了更好地说明家具产品的结构与形态，将家具产品的典型

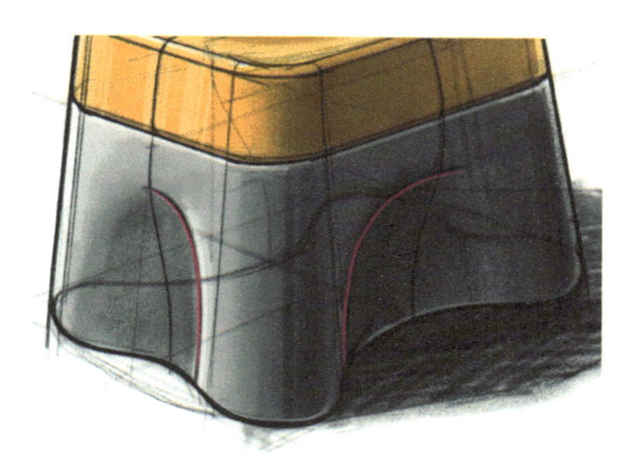

（a）渐变曲面转折处的结构线

切面轮廓进行呈现而形成的特殊线条。绘制剖面线的原因在于，仅靠分型线和结构线很难将家具某些表面的起伏、转折等突出特征表达清楚，借助剖面线可对家具产品形态起到补充说明的作用。如图 2–17 所示，受剖面线起伏的影响，3 个相同的方形面最终呈现出不同的视觉效果。图 2–18 中的剖面线也将座凳的前、后、左、右 4 个面的起伏、转折等特征表现得更加清晰。

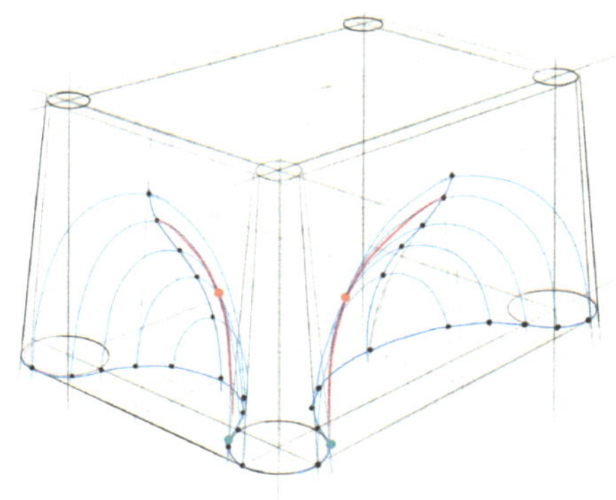

（b）渐变曲面的剖面线绘制

（c）渐变曲面的结构线绘制

**图 2–16　渐变曲面转折处的结构线分析**

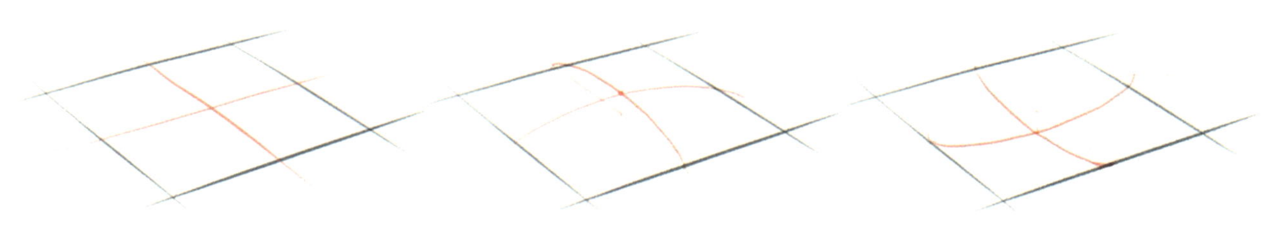

**图 2–17　方形面因剖面线不同而呈现出不同的形态特征**

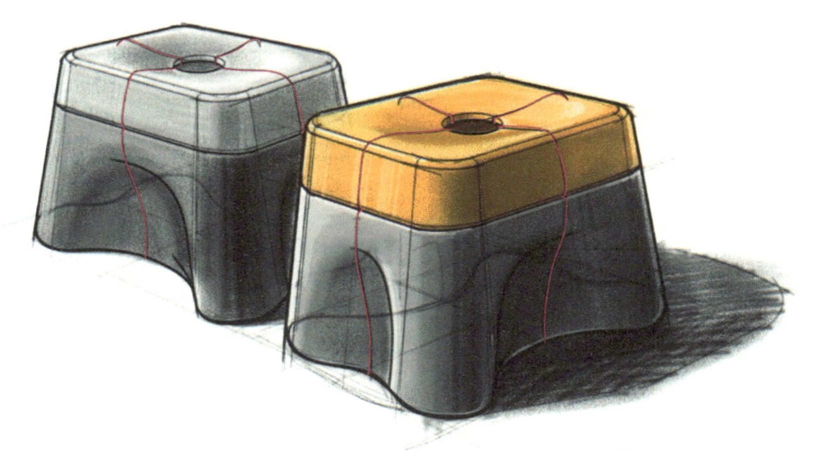

**图 2–18　借助剖面线来进一步说明产品形体的起伏变化**

#### 2.2.1.5 辅助线

设计者在绘制家具方案的过程中，由于面临诸多不确定的情形，通常会率先使用较轻的笔触绘制出较浅的线条，以初步确定方案的大概形状。这种线条通常称为辅助线。绘制辅助线时不必苛求精准和美观，它的主要作用是为设计者在后期进行正式绘制提供参考。成熟的设计者通常会选择在画面上保留辅助线，这样非但不会影响画面效果，反而可以让观者透过图形理解设计者的绘制思路（图 2–19）。

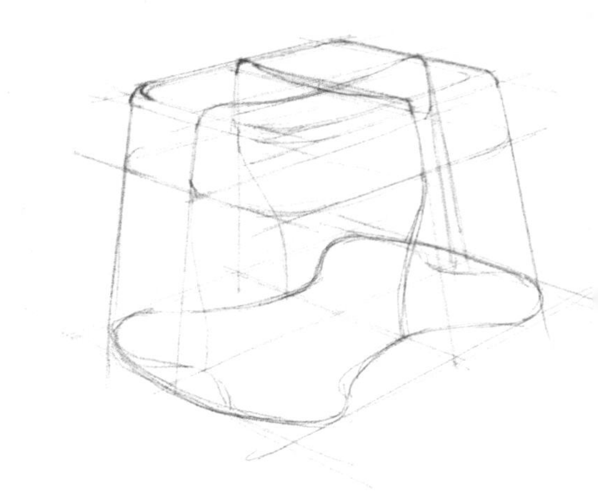

图 2–19 座凳绘制之初的辅助线

在手绘过程中，使用辅助线是一个非常重要的技巧，不仅可以降低手绘出错率，而且可以不断调整设计想法，提高手绘表现的质量和效率。

上述对线条类型的划分是家具产品手绘表现中处理线条轻重和粗细的首要依据。一般而言，轮廓线应予以着重强调，因此要显得最粗、最重，有利于直观地呈现产品的整体形态特征；分型线和结构线略次于轮廓线，以让观者在了解产品的整体形态特征后，进一步了解产品各零部件自身的具体形态，以及它们之间的关系；剖面线再次之，用以补充说明前 3 种线条无法说明或说明不清晰的形体变化关系；辅助线最轻、最细，甚至可根据实际需要来决定是否将其擦除。

### 2.2.2 线条的绘制方式

#### 2.2.2.1 直线的绘制方式

直线是家具产品手绘中运用最多的线条类型，根据其形态和绘制技巧的不同，通常分为 3 种：一是中间重两头轻的直线；二是起点重的直线；三是轻重较平均的直线，如图 2–20 所示。绘制直线时，应达到以下两方面的要求：一是要呈现出其“直”的特征；二是要保证其精准度。这也是直线练习所必经的两个步骤。

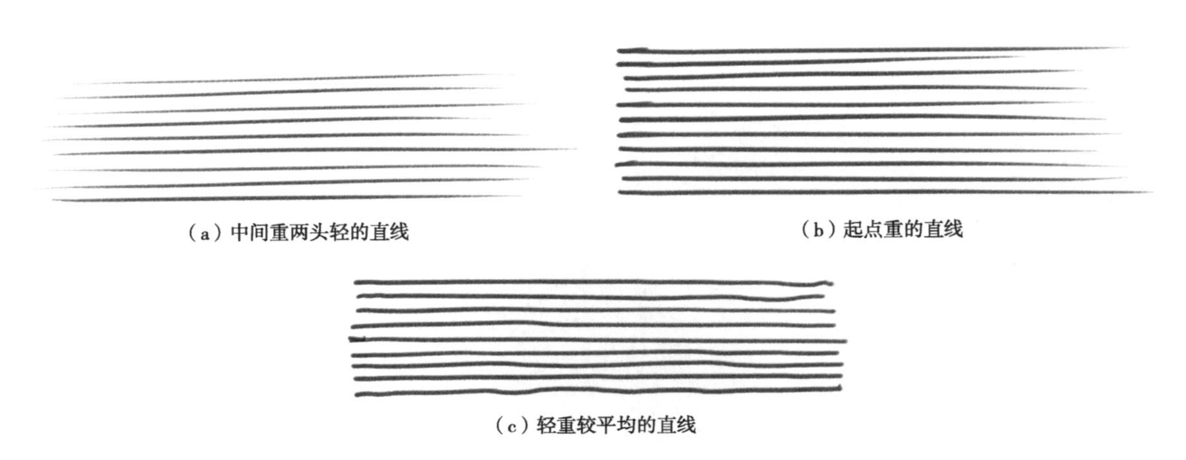

（a）中间重两头轻的直线

（b）起点重的直线

（c）轻重较平均的直线

图 2–20 3 种不同形态的直线

能否将直线画直与运笔方式有很大关系。许多初学者在绘制直线时，经常不自觉地以手肘为圆心进行绘制，如图 2–21（a）所示。这种“甩”出来的直线实际是一个大圆中的一小段弧线，绘制短直线时看不出弊端，一旦线条过长，其弧线的轨迹就暴露无遗。与曲线相比，直线具有机械性特征，因此在绘制直线时，手臂和手的运动也要保持一定的机械性，这样画出来的线条才能呈现出“直”的特征。正确的运笔方式是将手当作一把“钳子”，将笔夹住后，手肘和手腕同步摆动，以带动笔尖在纸面上做直线运动，从而得到成功率较高的直线，如图 2–21（b）所示。

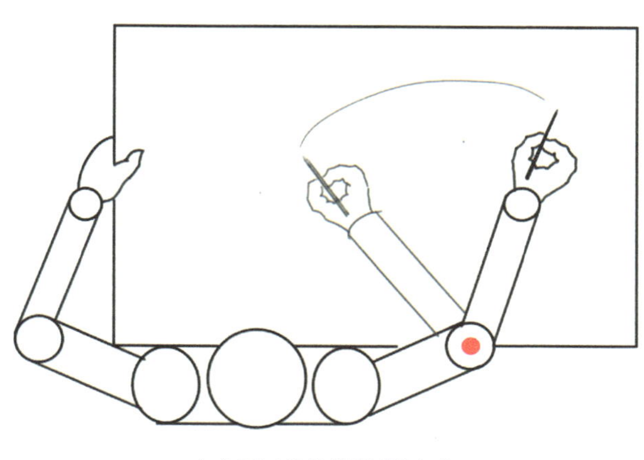

（a）不正确的直线运笔方式

（b）正确的直线运笔方式

**图 2–21　直线的运笔方式**

在了解了正确的直线运笔方式后，具体绘制过程中可能仍然会出现绘制出上弧线或者下弧线的情况。出现上弧线的原因在于绘制时手腕的推动比手肘要快；出现下弧线的原因在于绘制时手腕的推动比手肘要慢。初学者应不断总结原因并及时调整，以不断提高直线绘制的成功率。如图 2–22 所示。

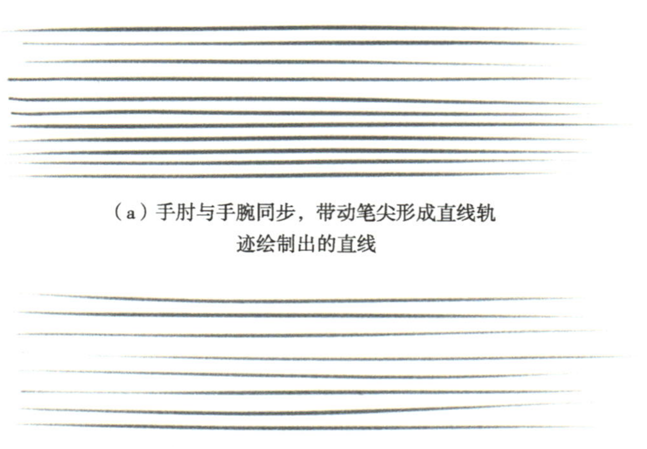

（a）手肘与手腕同步，带动笔尖形成直线轨迹绘制出的直线

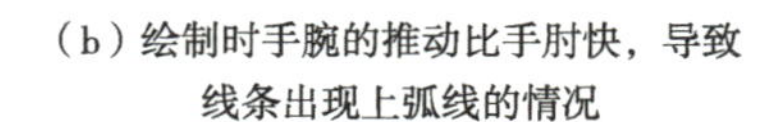

（b）绘制时手腕的推动比手肘快，导致线条出现上弧线的情况

（c）绘制时手腕的推动比手肘慢，导致线条出现下弧线的情况

**图 2–22　直线、上弧线和下弧线**

能够将直线画直仅仅是直线练习的第一步，下一步便是要提升直线绘制的精准度，也就是说，要学会精准控制直线的方向，其主要练习方式是以线连点。

首先，在纸面上随意画一些距离较近的点，之后通过短直线进行连接（图 2–23）；随着练习的深入，可将点与点之间的距离加大，以此来练习长直线的精准度。接下来，还可以通过对正方形、三角形等一些几何图形进行细分的方式来开展练习（图 2–24）。

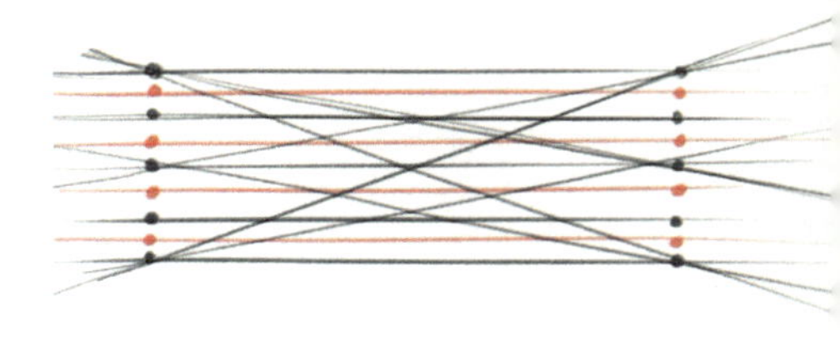

**图 2–23 短直线的精准度练习**

在以线连点的练习过程中，往往需要在落笔之前，用笔在两点之间来回试探多次，当对这种方向形成一种记忆或感觉之后，落笔画线的成功率就会提升很多。

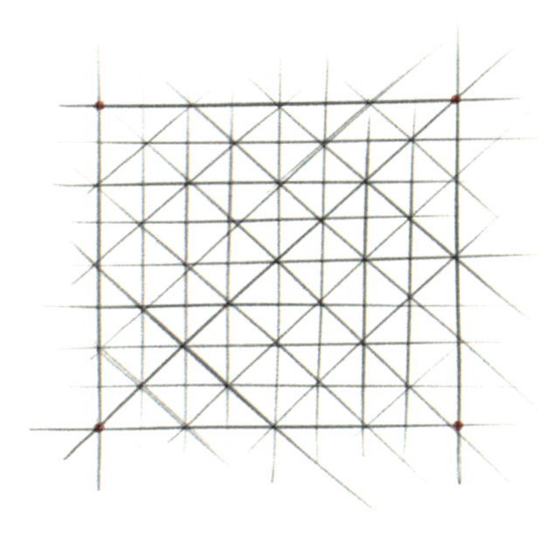

（a）正方形的细分练习

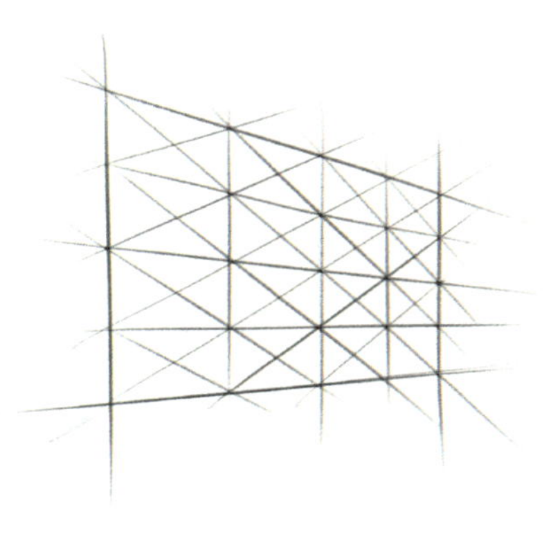

（b）带有透视效果的方形细分练习

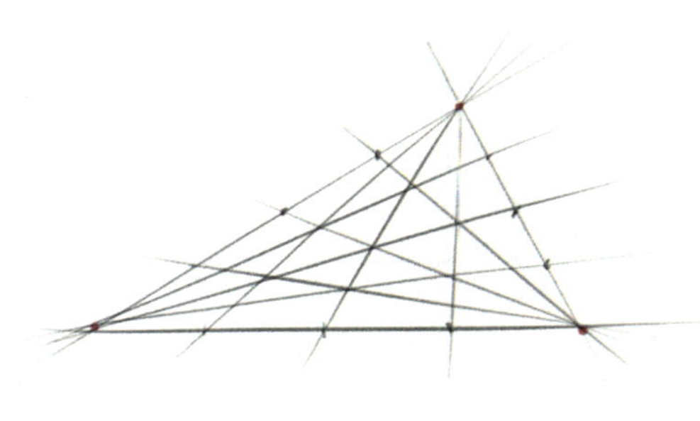

（c）三角形的细分练习

**图 2–24 几何图形的细分练习**

上文将直线划分为中间重两头轻的直线、起点重的直线、轻重较平均的直线 3 种类型。在绘制中间重两头轻的直线时，先定出直线两端端点，再将手肘与手腕同步摆动，以带动笔尖在两点间做直线运动，确定笔尖准确通过两端端点后，保持住手臂的移动轨迹，同时将目光移至两点中间位置，再将笔尖迅速接触纸面完成线条绘制。需将目光移至两点中间位置的原因在于，在注意力集中的位置用力会不自觉加重，而我们所需要的是中间较重的线条，所以将注意力集中到两点中间位置能更好地保证线条的绘制效果。在绘制起点重的直线时，同样需要先确定出直线两端端点，再将笔尖置于起点，通过手肘与手腕同步移动将笔尖滑动至终点，笔尖即将到达终点时迅速脱离纸面。轻重较平均的直线的绘制过程与前两者类似，只是在力度把控上需做到前后一致。

一般而言，中间重两头轻的直线和起点重的直线需要用较快的速度来完成绘制，对绘制技巧要求较高；轻重较平均的直线则可通过较慢的速度来完成，利于初学者学习和掌握。

此外，3 种不同类型线条的应用位置和表现效果也有所不同。以座椅为例，首先，通过中间重两头轻的辅助线绘制出座椅的基本结构大体轮廓，如图 2–25（a）所示；其次，用中间重两头轻的直线（红点标示）和起点重的直线（绿点标示）分别绘制出座椅的外轮廓和内部主要结构，如图 2–25（b）所示；之后，用中间重两头轻的直线绘制座椅的剖面线，再用轻重较平均的线条对座椅的外轮廓和口袋处的细节进行刻画，进一步强调产品形态，如图 2–25（c）所示；最后，用起点重的直线沿座椅的轮廓线向外排线，绘制出座椅的阴影，如图 2–25（d）所示。绘制过程详见视频 2–1。

视频 2–1

通过座椅的案例得知，中间重两头轻的直线和起点重的直线在产品手绘的前期应用较多，多用来确定产品的基本形体关系；而轻重较平均的直线更适用于产品最终轮廓和细节的精细刻画。这种用线技巧能够使画面效果呈现出干脆、肯定的美感，不过这种用线技巧需要经过长期的练习才能掌握。初学者在前期可以尝试用较慢的速度，以轻重较平均的直线来完成产品线稿的绘制（图 2–26），之后再着重培养以上用线技巧。

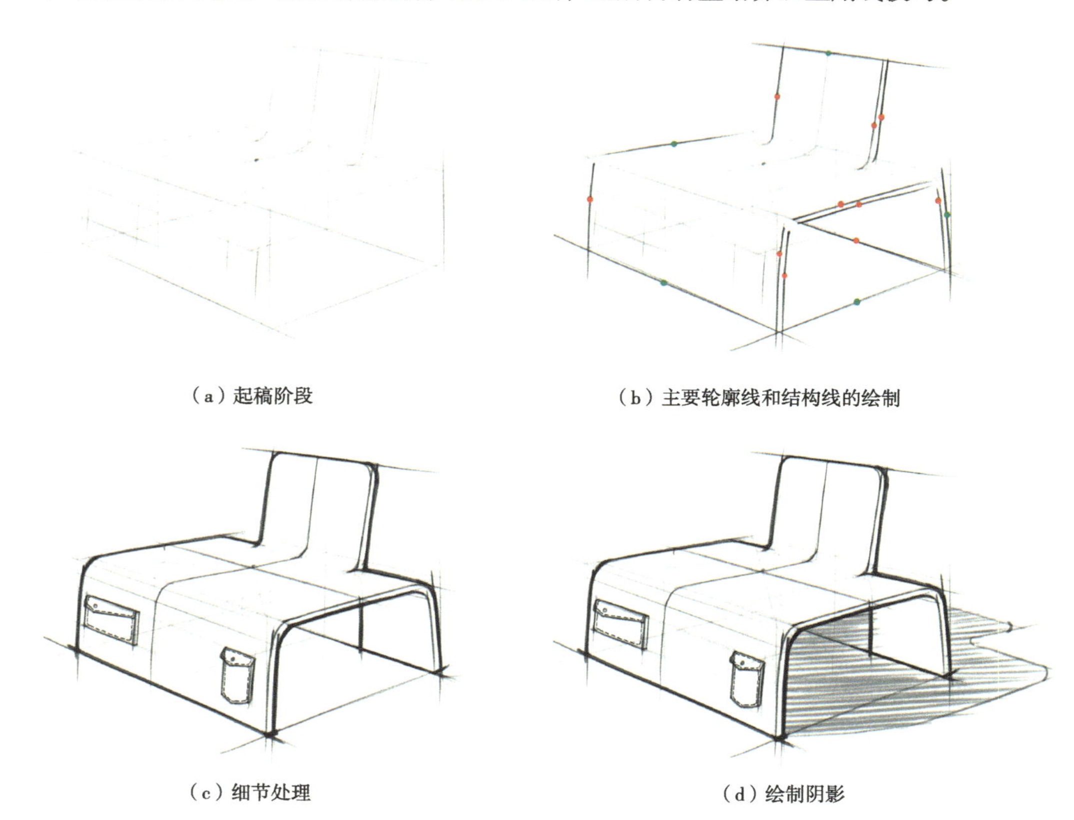

（a）起稿阶段　（b）主要轮廓线和结构线的绘制

（c）细节处理　（d）绘制阴影

**图 2–25　座椅绘制时的用线技巧**

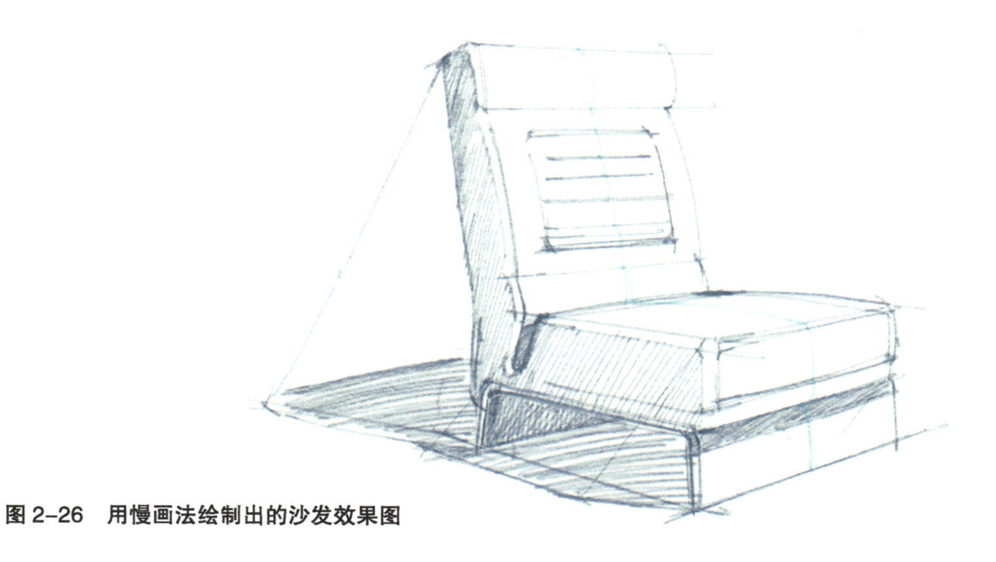

**图 2–26　用慢画法绘制出的沙发效果图**

### 2.2.2.2 曲线的绘制方式

曲线是家具产品手绘中普遍使用的形态元素，按照形态分类，可以分为随机性曲线和抛物线两种。在绘制过程中，为增强手绘效果的流畅性和美观性，多以中间重两头轻的曲线和起点重的曲线为主，但不排斥初学者使用轻重较平均的曲线进行手绘表现。

（1）随机性曲线

随机性曲线常用的训练方法有 3 点练习法与 4 点练习法。其绘制方式是，在纸面上定出 3 个或 4 个点，移动手臂以带动笔尖通过各个节点，确定笔尖基本通过节点后，保持住手臂的“肌肉记忆”，再将笔尖迅速接触纸面完成线条绘制。如图 2–27 所示。

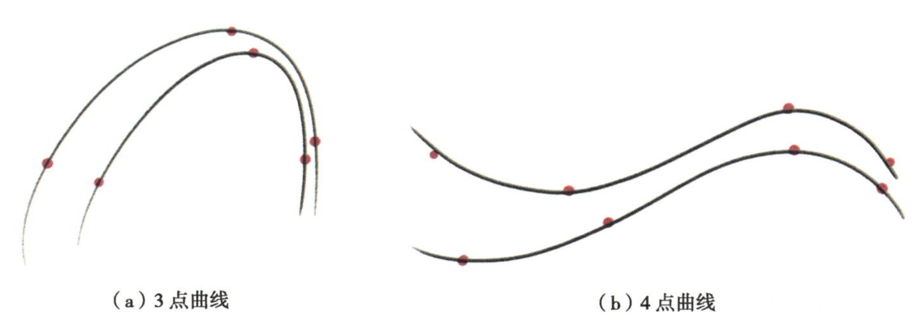

（a）3 点曲线　　（b）4 点曲线

**图 2–27　随机性曲线练习**

（2）抛物线

抛物线多为 3 点曲线，其在平面图上多显示为对称状态，而在空间中往往因透视变化呈现出非对称状态，在绘图时要注意其透视变化规律。抛物线的训练方法与随机性曲线相同。如图 2–28、图 2–29 所示，先在纸面上定出抛物线的 3 个红色节点，移动手臂并确定笔尖通过各个节点后将笔尖迅速接触纸面完成线条绘制。需要强调的是，所画抛物线

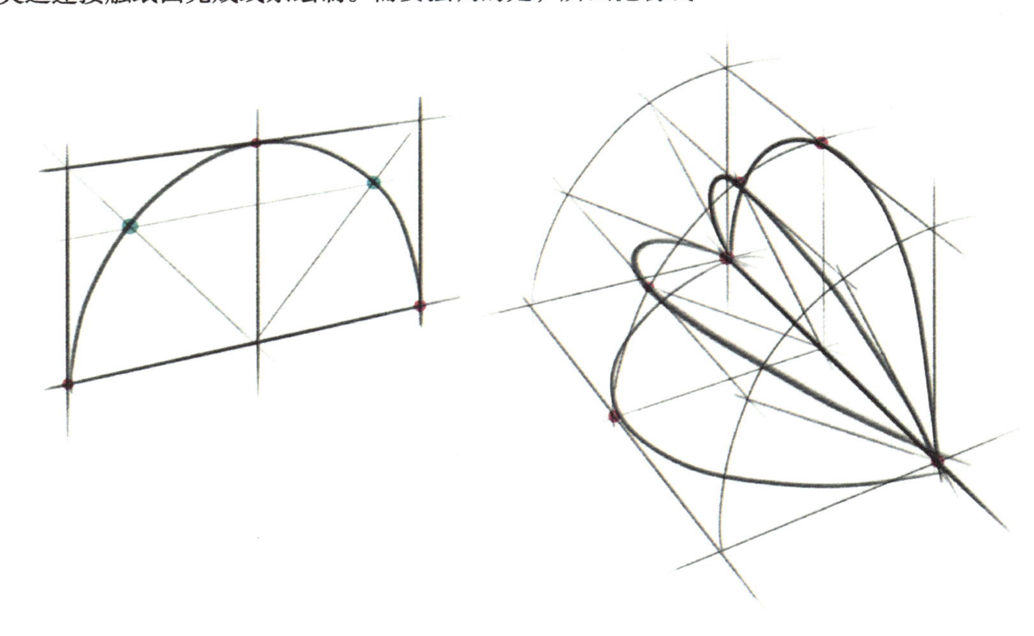

**图 2–28　抛物线的绘制方式**

除了要通过 3 个红色节点外，还需通过 2 个处于同一高度的绿色节点，这样画出来的抛物线才更加精准。

（3）随机性曲线和抛物线组合练习

在进行抛物线训练时，也可与随机性曲线结合起来进行简单的空间练习，以不断提升线条控制能力和透视感觉。图 2–30 所示为曲面体的绘制步骤。依照同样的方法可绘制其他曲面几何体，如图 2–31 及视频 2–2 所示。

视频 2–2

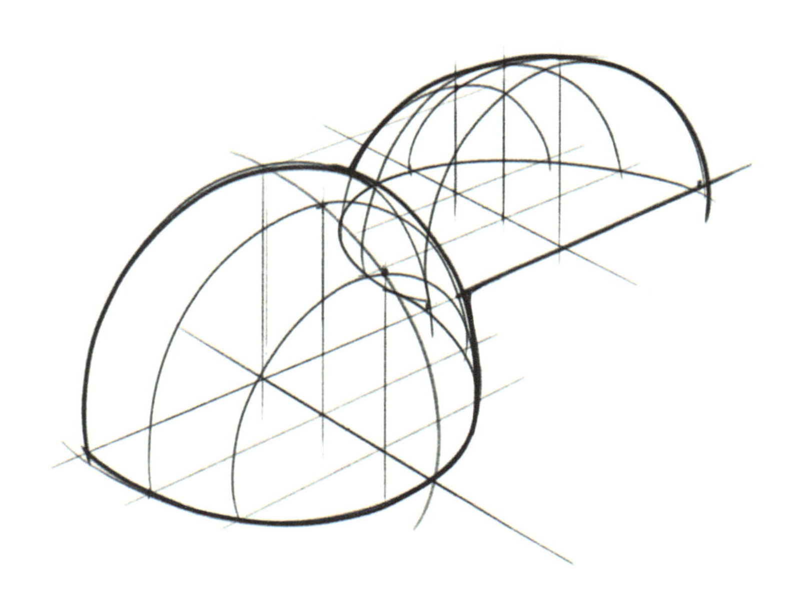

图 2–29　抛物线围合出的半球体

（a）根据透视规律绘制一个方形

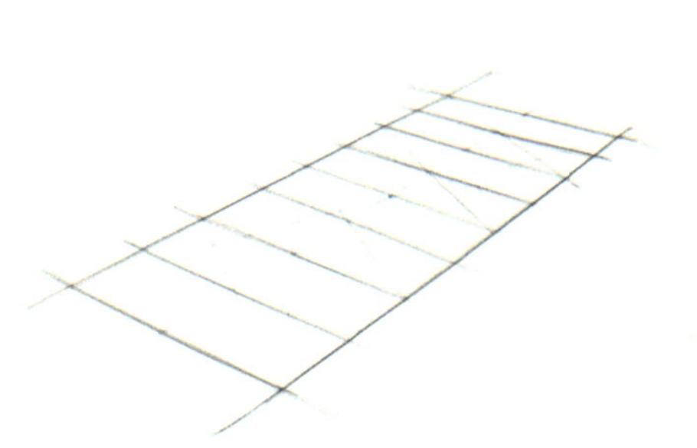

（b）依据对角线将方形四等分，之后将其八等分，确定方形的 8 个中点

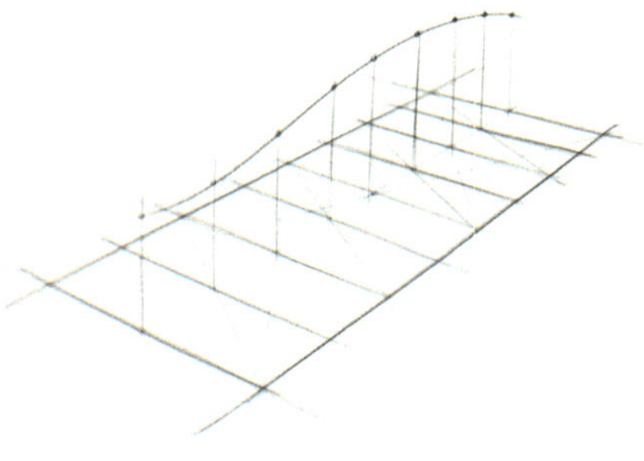

（c）以方形的 8 个中点为基准，确定抛物线的高度及中点，并用圆滑的随机性曲线连接

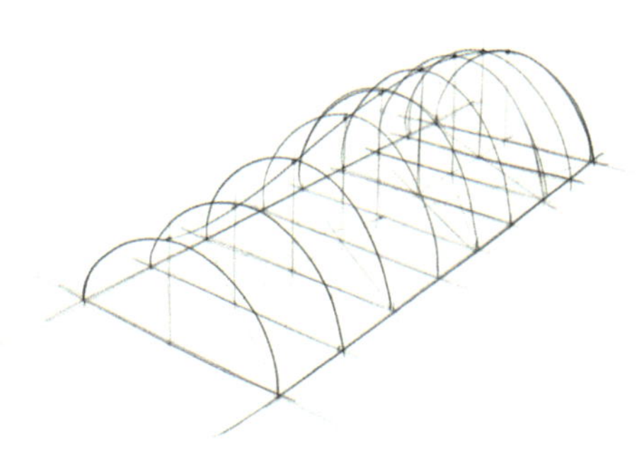

（d）分别用圆滑的抛物线将方形两侧的端点与顶部每个中点连接

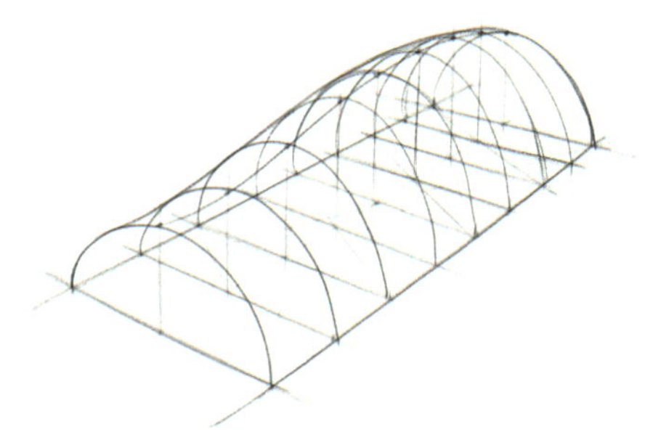

（e）用切线连接 8 根抛物线，形成一个完整的曲面几何体

图 2–30　曲面体的绘制步骤

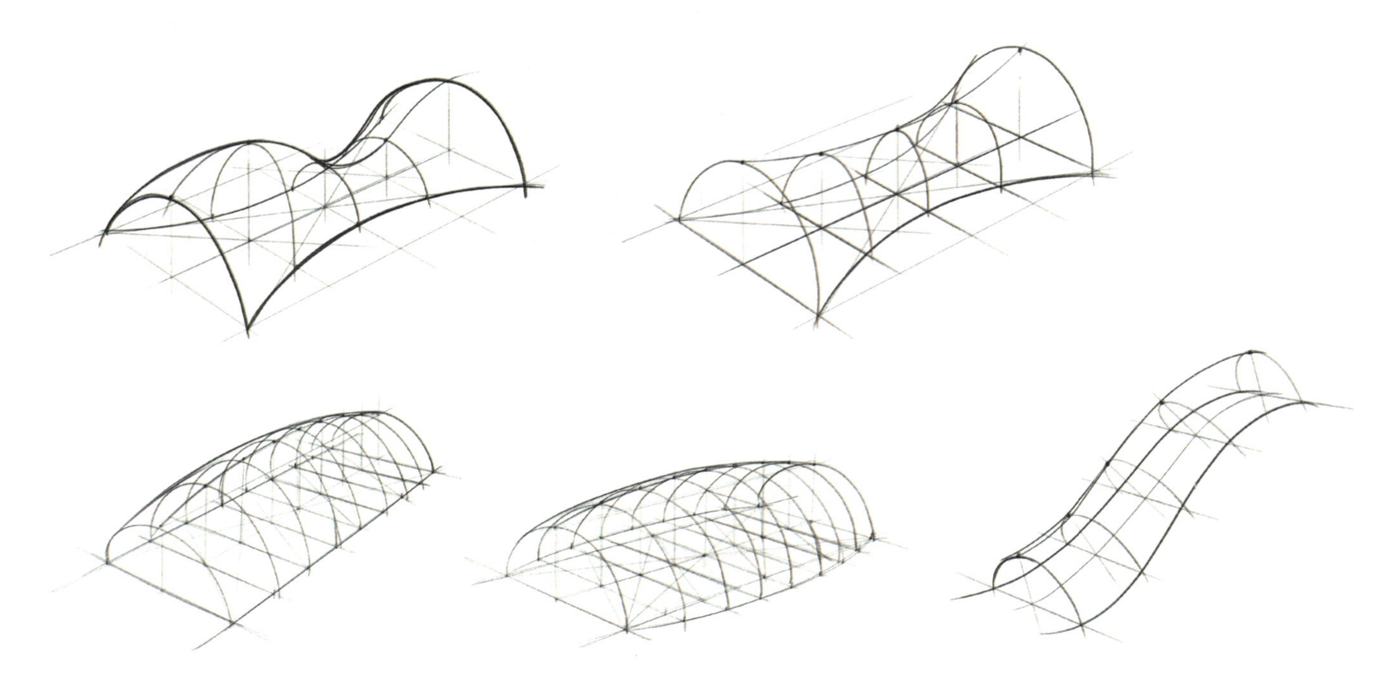

图 2-31 其他曲面体练习

对于家具产品手绘而言，线条练习是第一步，也是最为重要的一步。而在线条练习过程中，准确性是第一位的。因此在训练之初，应着重练习线条的精准度，以便能够绘制出正确的产品；之后再区分和强调不同类型线条的轻重和粗细，使手绘产品更加严谨而有条理；最后练习如何通过中间重两头轻、起点重和轻重较平均的线条组合呈现出美观的视觉效果。

# 2.3 平面视图

平面视图是指从单一方向对某一物体进行平行投射得出的没有透视关系的正交投影图像，具体包括主视图、后视图、俯视图、仰视图、左视图和右视图6个视图。六视图最初被作为工程图纸绘制的标准范式之一，它的每个视图只能反映物体一个方位的形状，但6个视图综合起来，则基本可以完整表达物体形态特征。如图2-32所示。

由于其绘制难度低、效率高，因此在前期设计构思阶段，设计者也会选取能够代表产品典型特征的一个或多个平面视图作为手绘表现对象，在快速表达自己设计概念的同时，也方便团队内部

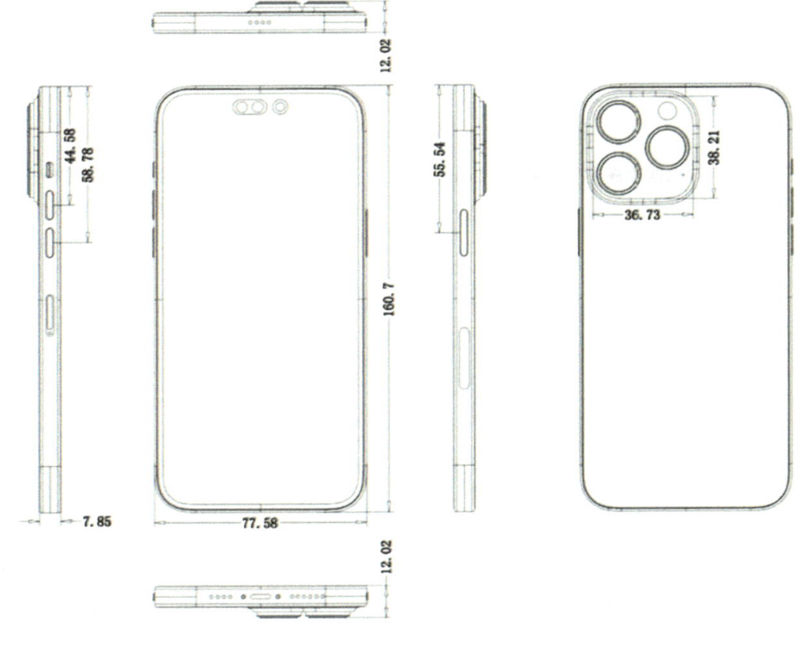


图 2-32 手机产品的六视图

进行沟通和探讨，以及对方案进行进一步调整与完善。如图 2–33 所示，设计者将竹制书架的主视图和俯视图作为手绘表现对象，快速地呈现出设计意图。

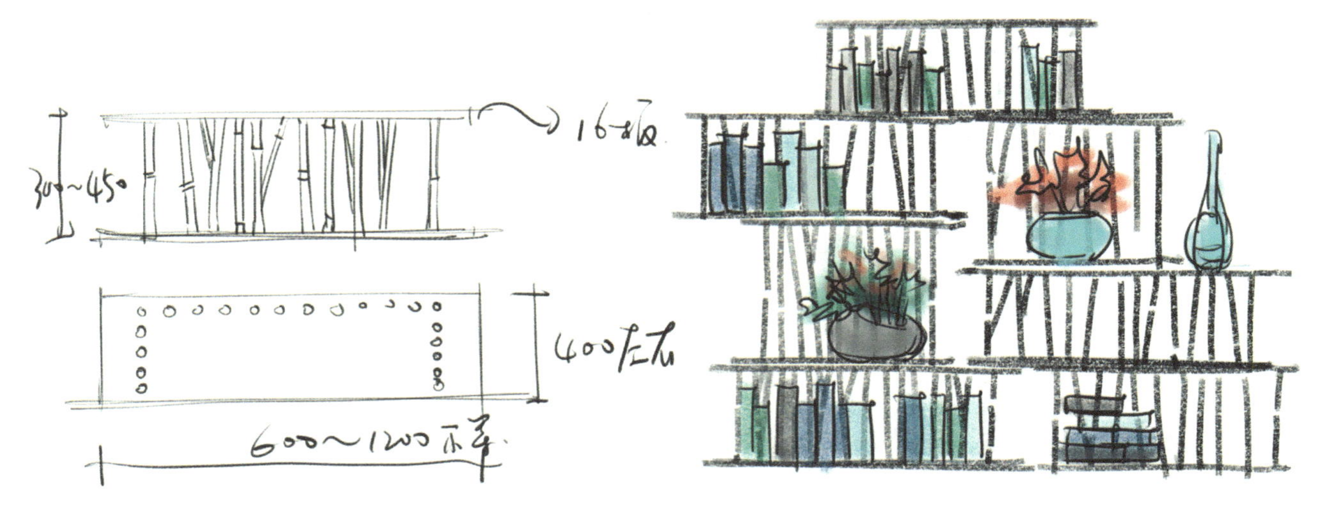


图 2–33　竹制书架主视图和俯视图

图 2–34　座椅三视图及透视图

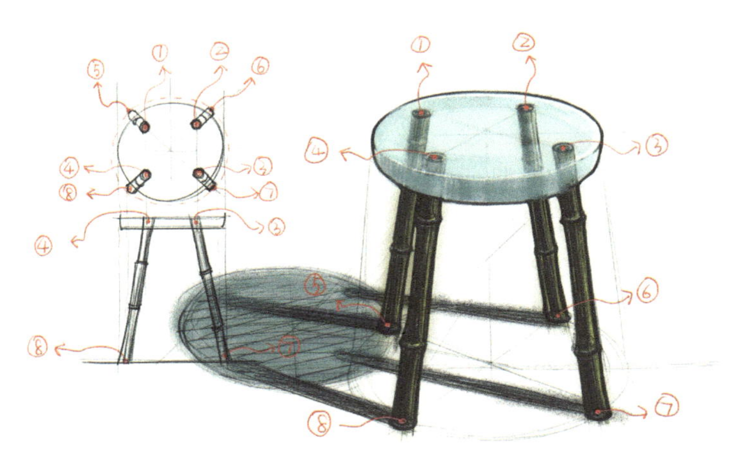

图 2–35　圆凳二视图及透视图

绘制多个平面视图时应当遵循“长对正、高平齐、宽相等”的原则。“长对正”指的是主视图或后视图与俯视图或仰视图在长度方向上是相等的，绘制时要使它们在垂直方向上保持对正关系；“高平齐”指的是主视图或后视图与左视图或右视图的高度是相等的，绘制时要使它们在水平方向上保持平齐关系；“宽相等”指的是左视图或右视图与俯视图或仰视图的宽度是相等的。

值得一提的是，针对一些形体简单的产品，往往只需要通过三视图（俯视图、主视图和左视图）就能将其主要特征表现出来。如图 2–34 所示，通过绘制座椅的三视图，基本可以将它的尺度、比例、材质、色彩，以及各个部件的位置、方向等表达清楚。更有甚者，由于产品的主视图和左视图形状一致，因此只需俯视图和主视图两个视图便可将其形体表达清楚，如图 2–35 所示。

另需强调的是，本教材提倡初学者按照“先平面，后立体”的步骤开展手绘练习，这是由于平面视图可为绘制立体透视图确定点、线、面的位置、方向和比例提供非常重要的参考。以图 2–36 中单人沙发的绘制过程为例，编者正是以沙发三视图为基础，结合两点透视相关原理，借助辅助线将三视图中所标示的各个转折点一一对应于右侧的方体之中，再将各个转折点用线条进行连接，才最终绘制出沙发的立体效果图。绘制过程详见视频 2–3。

视频 2–3

这种“先平面、后立体”的练习步骤逻辑清晰，对家具产品的表现更加严谨和准确，绘制过程侧重理性的推敲，而非主观的直觉，可以使初学者有理有据地绘制家具产品。此外，将平面视图和立体透视图绘制在一起，也有利于其他人更加全面地观察和理解家具产品。

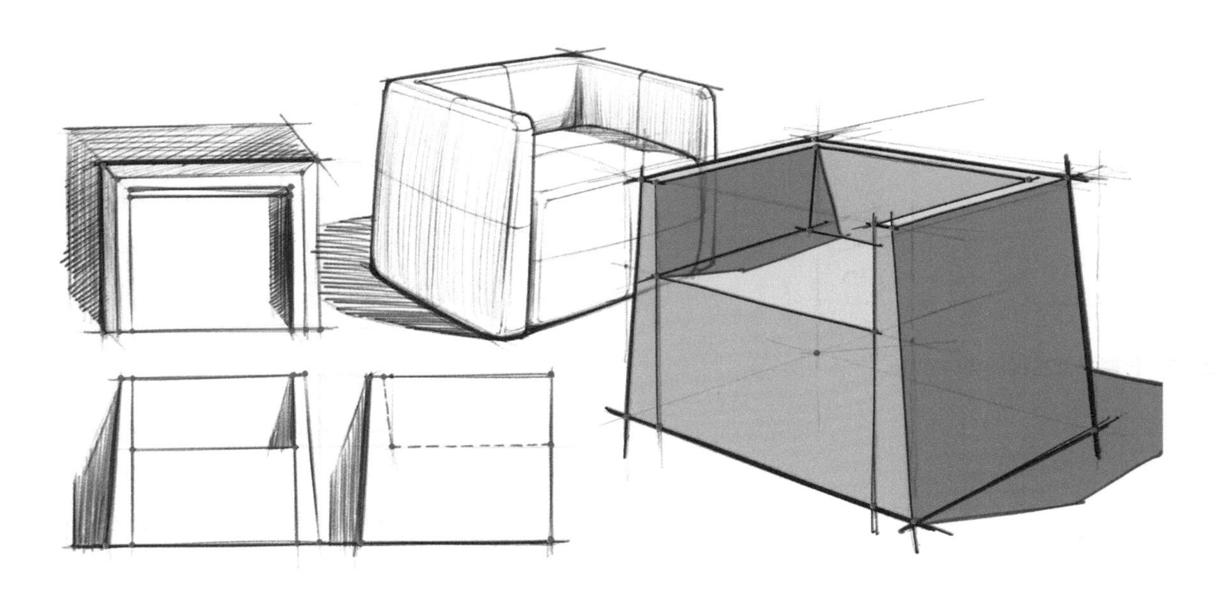

图 2–36　单人沙发的绘制过程

# 2.4　透视图

## 2.4.1　透视的形成

在日常生活中，我们常有这样的感觉，许多同样大小的物体因为摆放位置的不同看起来近大远小；本来在现实中相互平行的直线会产生一定的倾斜角度，并在远处相交。如图 2–37 所示，当人们站在长廊的一端向远处看，就会觉得原本前后大小一致的长廊变得越来越窄。这种近大远小的现象称为透视现象，它是人类固有的一种视觉特性。

透视现象很早就被发现和探讨，但直至 15 世纪初的文艺复兴时期，才由意大利建筑师布鲁内莱斯基和阿尔贝蒂对透视形成的原理和透视图的画法进行了较为科学和权威的阐述和论证，逐渐形成了较为系统的透视理论，并被广泛应用于艺术与设计领域。

透视理论是对人类视觉成像原理的模仿与抽象。视觉成像原理认为，物体的形象是受到光的照射而被人眼上的视网膜捕捉，之后被传输到人类大脑而得出的一种影像。如图 2–38 所示，透视理论将视网膜从人眼上抽离出来，抽象为一个介于人眼与观察物体之间的虚拟画

面 $P$（这个虚拟画面的大小，以及它与人眼和物体之间的距离是可调整的），将人眼所在位置定为视点 $S$，由视点 $S$ 投射向物体 $A$ 各个节点的视线与虚拟画面相交得出的图形就是透视图 $a$。通过透视理论绘制出的透视图比平面视图更加立体、真实，能够直观地反映物体的三维形态。图 2–38 的详细绘制过程见视频 2–4。

视频 2–4

图 2–37　近大远小的走廊

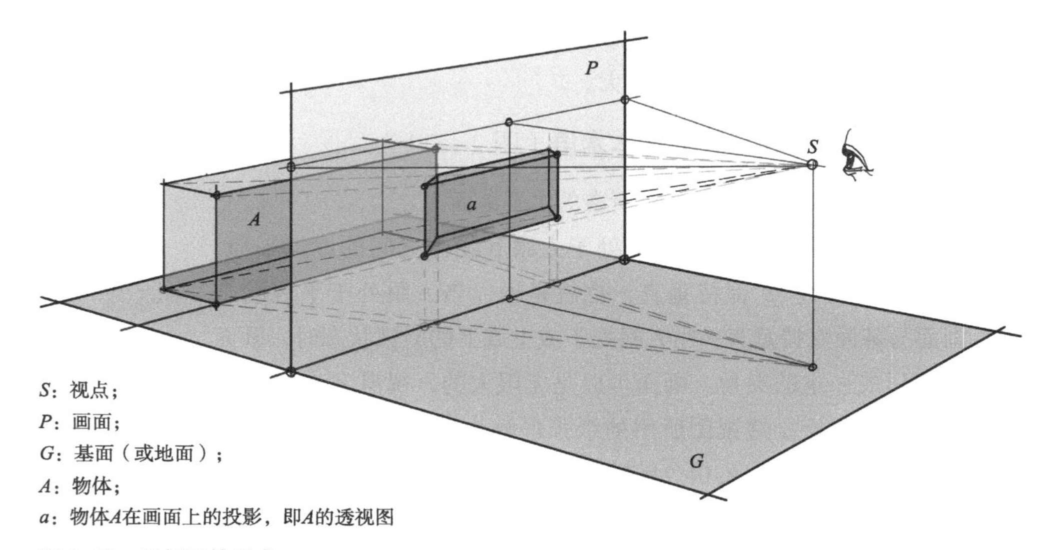


$S$：视点；
$P$：画面；
$G$：基面（或地面）；
$A$：物体；
$a$：物体$A$在画面上的投影，即$A$的透视图

图 2–38　透视图的形成

## 2.4.2　透视的基本术语

如上所述，作透视图就是求作视线与画面的交点。而在作图过程中，会涉及一些特定的点、线、面，厘清它们的确切含义及其相互关系，有助于理解透视的形成过程，掌握作图方法。透视图的基本术语介绍如下。

### 2.4.2.1 视锥及视锥中的基本术语（图 2–39）

①视锥：由视点 $S$ 投射出的视线所组成的一个棱锥形空间区域，是对人的视野范围的一种抽象和简化。

②视锥角：视锥的顶部夹角称为视锥角。制图过程中通常采用的视角有 90° 视锥角和 60° 视锥角，本教材采用 90° 视锥角作为重点进行讲解。也就是说，教材中的视锥是一个顶部夹角为 90° 的正四棱锥。

③视窗（$W$）：视锥的底面，也可理解为人眼的画面范围。

④视点（$S$）：观察者眼睛所在的空间位置，是所有视线投射的初始位置，也称投射中心。

⑤视线：过视点 $S$ 的所有直线，又称投射线。

⑥心点（$s'$）：视点 $S$ 在画面 $P$ 上的正投影，又称主视点或主点。

⑦主视线（$Ss'$）：与视窗 $W$ 垂直的视线，又称中心视线。

⑧视平线（$HL$）：在画面上通过心点 $s'$ 的一条水平线，与视点等高，随视点的变化而变化。

⑨距点（$m_1$，$m_2$）：当人眼处于水平直视状态时，其最左侧和最右侧视线与视平线 $HL$ 的交点。$Sm_1$ 与 $Sm_2$ 的夹角为 90°。

如上所述，视锥是一个顶部夹角为 90° 的四棱锥，那么由视点 $S$ 和距点 $m_1$、$m_2$ 围合出的三角形为等腰直角三角形。由上得知，主视线 $Ss'$ 与视窗 $W$ 垂直，也就是说，$Ss'$ 将等腰直角三角形平分为两个直角三角形，则 $Ss'=m_1s'=m_2s'$。$Ss'$ 越长，代表人眼与视窗之间的距离越远；同时，$m_1s'$ 和 $m_2s'$ 的数值也越大。

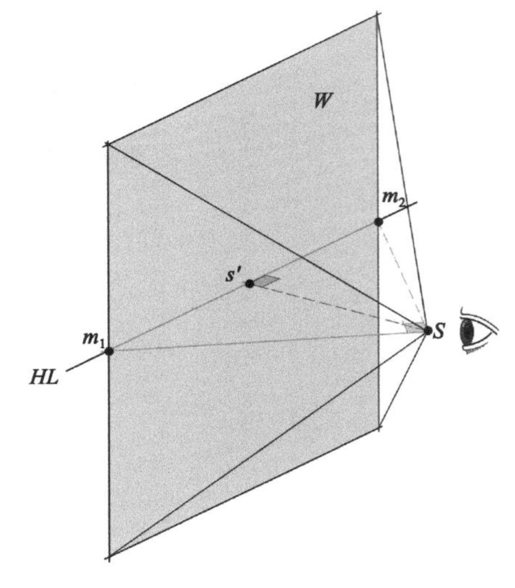


图 2–39 90° 视锥直观图

### 2.4.2.2 透视形成过程中的基本术语（图 2–40）

①基面（$G$）：观察者或物体所在的水平地面。

②画面（$P$）：假想出的一个处于人眼和物体之间的虚拟平面。画面始终与主视线 $Ss'$ 保持垂直，也就是说，当人眼处于平视状态时，画面与基面保持垂直；当人眼处于或上或下的斜视状态时，画面与基面会形成一定的夹角。画面可以是无限大的，视窗 $W$ 就位于画面上；也可以将绘制透视图所用的纸张理解为画面上的一部分，如图 2–40 中由虚线围合出的白色区域。

③基线（$GL$ 或 $PL$）：画面与基面的交线。在画面上以字母 $GL$ 表示，在基面上以 $PL$ 表示。它们分别表示基面在画面上，或画面在基面上的积聚投影。

④视平面（$B$）：通过视点 $S$ 所作的水平面，这个水平面是无限大的，没有固定的形状。图 2–40 中仅绘制出视平面与视锥的重合部分，且重合部分是一个等腰直角三角形，是为了便于理解视锥的形状。

⑤站点（$s$）：人在观察物体时的站立点，即视点 $S$ 在基面 $G$ 上的正投影。

⑥视高（*Ss*）：视点 *S* 到基面 *G* 的距离，相当于人眼的高度，与视平线 *HL* 等高。

⑦心点的落点（*Sg*）：心点 *s'* 在基面上的垂直落点，或站点 S 在画面 *P* 上的垂直落点。

⑧视距：视点 *S* 到物体 A 的垂直距离。视距的长短与视窗 *W* 的大小成正比，也就是说，视距越长，人所能观察的范围就越大；反之则越小。此外，若心点 *s'* 与物体 *A* 之间的距离是固定的，那么，*Ss'* 越长，视距越大，$m_1$ 和 $m_2$ 之间的距离也越远。

⑨物体（A）：被观察的物体。

⑩透视图（*a*）：过物体 A 的视线与画面相交的投影图。

⑪ 透视图落点（$a_g$）：由站点 *s* 向物体 A 的连线与基线的交点，也是透视图 *a* 在基面上的垂直落点。此落点是确定透视图 *a* 在画面上位置的重要依据。

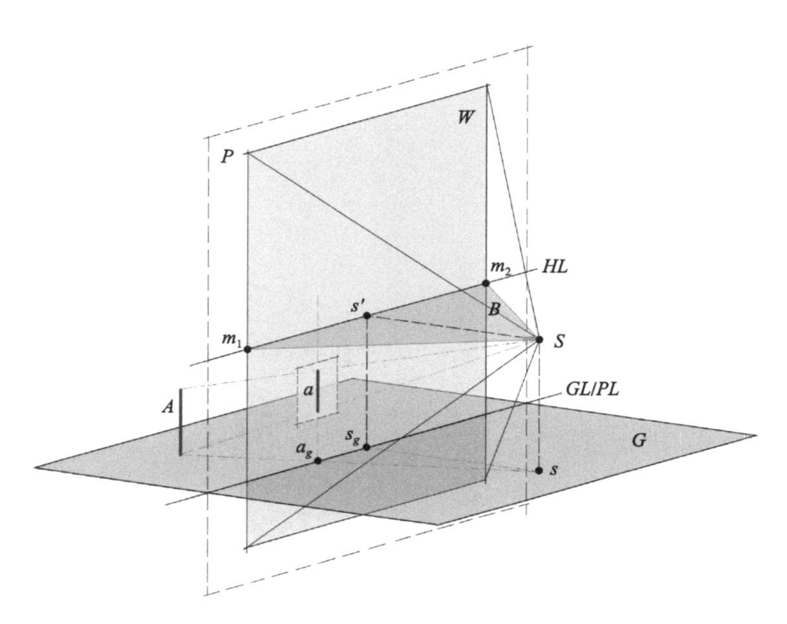


**图 2–40　透视形成过程中的基本术语**

## 2.4.3　透视的分类

以长方体为例，受长方体与画面相对位置的影响，它上面的线条在长、宽、高 3 个方向（为便于表述，以下将长、宽、高 3 个方向分别以 *X* 轴、*Y* 轴和 *Z* 轴表示）与画面 *P* 会产生平行或不平行的关系，与画面不平行的线（通常称为变线）在画面上的投影图中会形成灭点（*VP*）；与画面平行的线在画面上的投影图中不会形成灭点。根据灭点数量的多少，可将透视图分为一点透视、两点透视和三点透视。其中，一点透视和两点透视利于初学者理解和掌握，将在本教材中进行重点讲解和运用；三点透视相对复杂，应用较少，且在工程制图课程中已有详细介绍，本教材不再赘述。

#### 2.4.3.1 一点透视（平行透视）

图 2–41 是长方体 A 的一点透视直观图，图 2–42 是长方体 A 的一点透视主视图和俯视图。由以上两图可见，长方体 A 在 *X* 轴和 *Z* 轴方向上的线条与画面平行，其 *Y* 轴方向上的线条与画面垂直。由长方体 A 上的 8 个点分别向视点 *S* 连线，与画面 *P* 分别相交于 8 个点，将这 8 个点连线即可得出长方体 A 在画面 *P* 上的投影图，即长方体 A 的透视图 *a*。

仔细观察长方体 A 的透视图 *a*，会发现它的 *X* 轴和 *Z* 轴方向上的线条仍保持水平和垂直状态，在画面 *P* 上没有产生灭点；而 *Y* 轴方向上的所有线条均已经发生了不同程度的倾斜，且全部交会至灭点 *VP*（灭点 *VP* 在画面 *P* 上与心点 *s'* 重合；从主视图看，视点 *S* 也与灭点 *VP* 和心点 *s'* 重合）。由于这种透视只有一个灭点，因此称为一点透视。又因为在这种透视中，长方体 A 的前后两个面平行于画面 *P*，所以又称为平行透视。

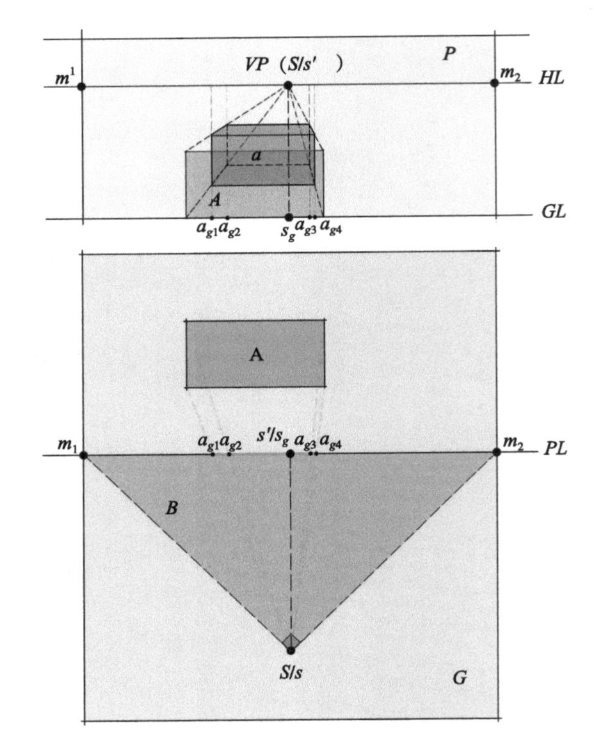


图 2–42 一点透视主视图和俯视图

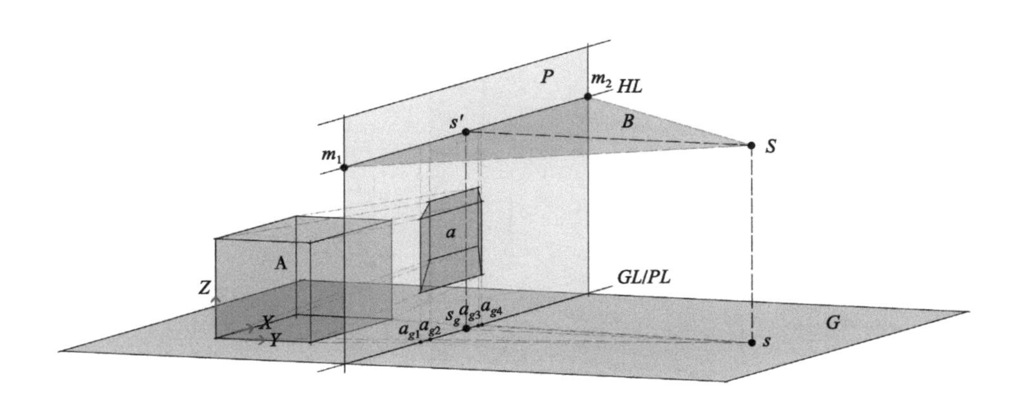


图 2–41 一点透视直观图

#### 2.4.3.2 两点透视（成角透视）

如图 2–43、图 2–44 所示，长方体 A 中只有 *Z* 轴方向的线条与画面 *P* 平行，*X* 轴和 *Y* 轴方向的线条均与画面呈倾斜角度。*Z* 轴方向的线条在画面 *P* 上仍保持垂直状态，没有产生灭点；*X* 轴和 *Y* 轴方向的线条在画面 *P*（图 2–44 中的主视图）上发生倾斜的同时，会产生两个灭点 $VP_1$ 和 $VP_2$，且这两个灭点均在视平线上。这样画出的透视称为两点透视。又由于长方体 A 的所有立面均与画面 *P* 形成倾斜角度，故又称为成角透视。

由图 2–44 中的俯视图可见，$SVP_1$ 和 $SVP_2$ 两条线段相互垂直，这是由于长方体 A 的 *X* 轴和 *Y* 轴方向相互垂直，而 $VP_1$ 和

$SVP_2$ 分别平行于这两个方向所造成的。如果一个形体的 $X$ 轴和 $Y$ 轴方向不垂直，$SVP_1$ 和 $SVP_2$ 的角度关系也会发生相应变化。了解这一点至关重要，不少初学者经常先入为主地认为，$SVP_1$ 和 $SVP_2$ 无论何时都会保持相互垂直状态，导致在绘制过程中出现错误。

两点透视对物体的呈现较为全面，且呈现效果真实自然，是家具产品设计中运用最普遍的透视图。

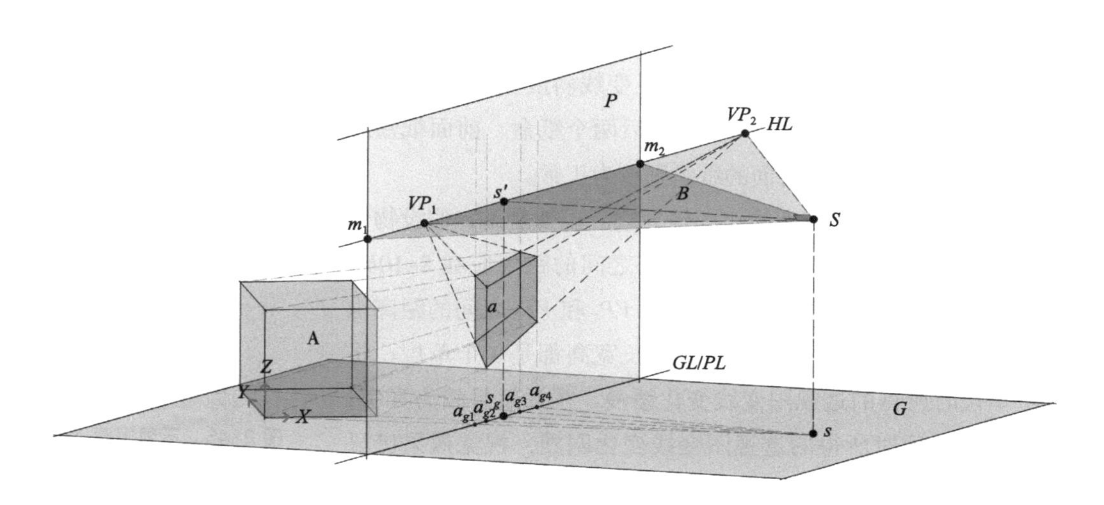


**图 2–43　两点透视直观图**

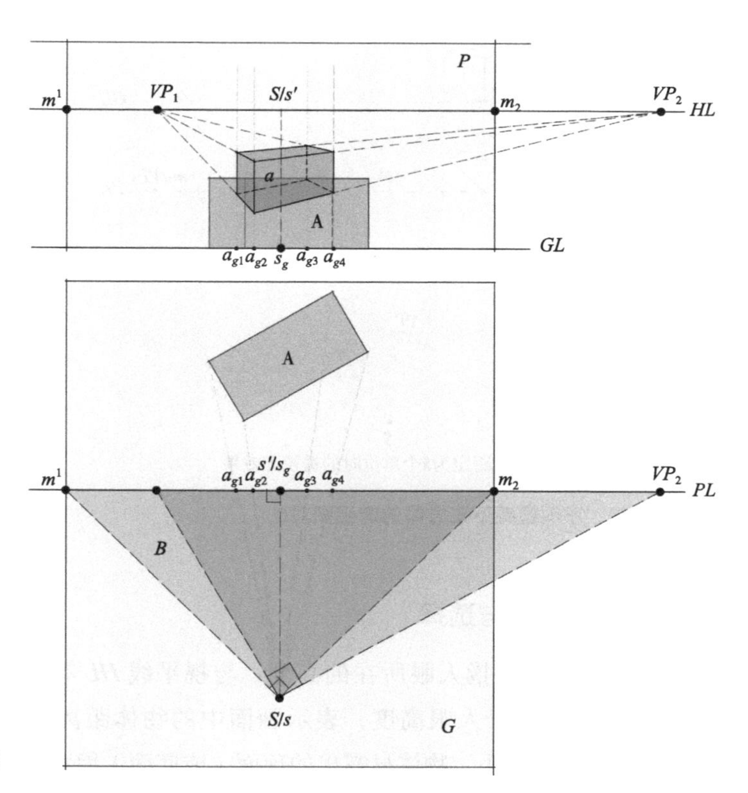


**图 2–44　两点透视主视图和俯视图**

### 2.4.4 视角的影响与选择

视角是由于人与物体之间保持了一定的相对位置而形成的，这个相对位置由视距、视高、观察角度和物体角度 4 个要素构成。以上 4 个要素一旦发生变化，人观察物体的视角也会随之变化，此时，物体所呈现在人眼中的形态也继而发生了改变。

#### 2.4.4.1 视距的影响与选择

在其他 3 个要素保持不变的情况下，视距越大，物体透视图上变线的斜度变化越缓慢；相反，则越剧烈。而一旦变线斜度变化太过剧烈，图像便会变形、失真。图 2-45 所示为一前一后两个纸盒，前面纸盒的变线变化剧烈，导致图像失真；后面的纸盒则较为正常。

图 2-45 不同视距下的纸盒效果

通常情况下，视距以物体高度的 4~5 倍为宜。也就是说，假设物体高度为 $h$，那么在一点透视中，距点 $m_1$ 和 $m_2$ 之间的距离应在 8~10$h$；在两点透视中，距点 $m_1$ 和 $m_2$ 之间，以及灭点 $VP_1$ 和 $VP_2$ 之间的距离也应在 8~10$h$。如图 2-46 所示，设定正方体的长宽高都是 1 个单位，将视距定为 5 个单位时所得的透视图变线变化缓慢，视觉效果较为真实；而将视距定为 3 个单位时所得的透视图变线变化剧烈，视觉效果已显失真。

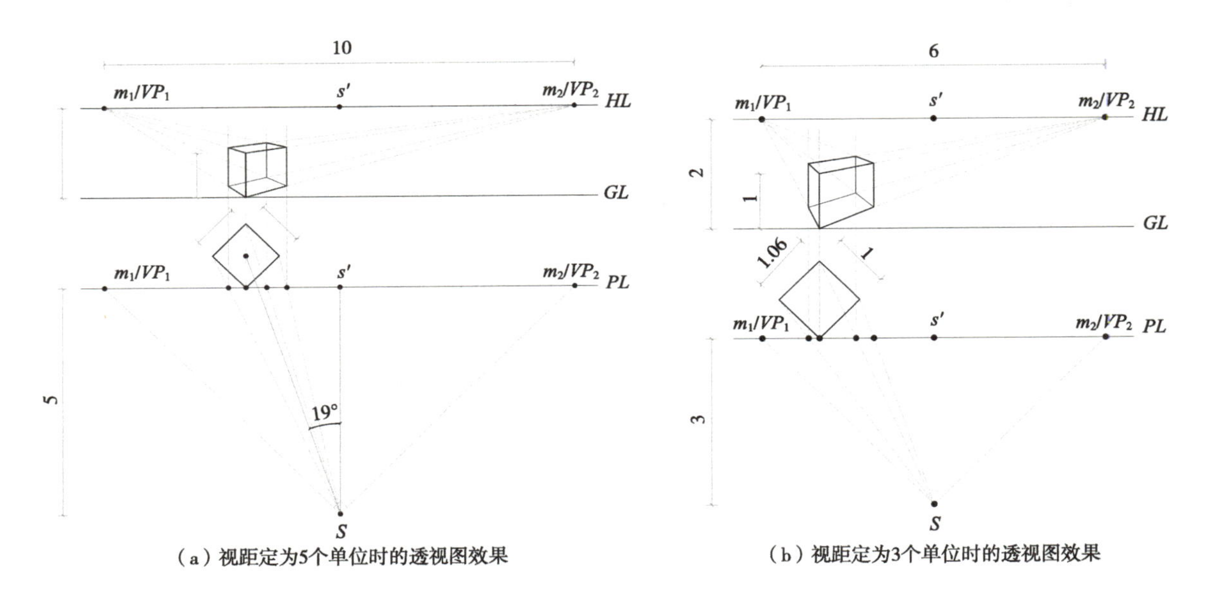

（a）视距定为5个单位时的透视图效果

（b）视距定为3个单位时的透视图效果

图 2-46 不同视距下正方体的透视图对比

#### 2.4.4.2 视高的影响与选择

如前所述，视高是指人眼所在的高度，与视平线 $HL$ 等高。现实中的物体高度越趋近于人眼高度，表示画面中的物体距离视平线越近，此时变线的斜度较小，物体显露出的顶面（或底面）面积较小；反之，则变线的斜度较大，物体显露出的顶面（或底面）面积较大。如图 2-47 所示。

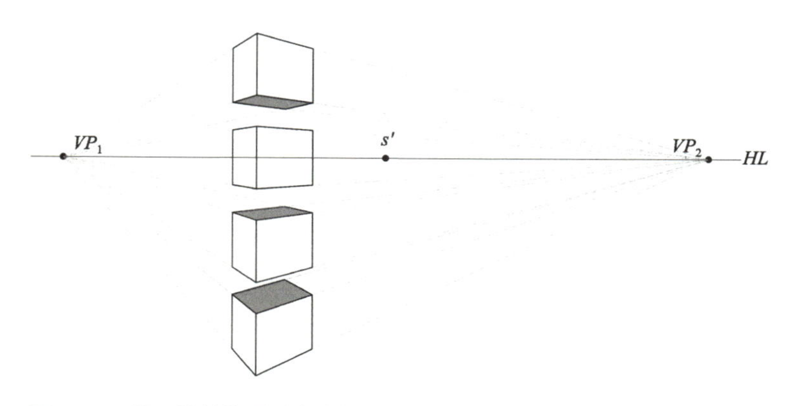


图 2–47　视平线的位置对变线斜度的影响

图 2–48　正常视高下的沙发效果

通常情况下，将视高定为人眼的正常高度（1.5~1.7m）比较适宜，这样绘制出的透视图视觉效果较为自然（图 2–48）；但有时为了使画面呈现出一定的夸张效果，也可以灵活调整视高。图 2–49 所示为视高较低时的沙发透视图，此时的沙发更显高大，视觉效果较有张力。

图 2–49　特殊视高下的沙发效果

### 2.4.4.3 观察角度的影响与选择

观察角度是指人眼主视线 $Ss'$ 与物体中心点之间的夹角。如果说视高是在上下垂直方向上影响透视图的效果，那么观察角度则是在左右水平方向上对透视效果产生影响。

如图 2–50 所示，在其他 3 个要素保持不变的情况下，对于一点透视而言，观察角度越大，代表画面 $P$ 中的物体与灭点（心点 $s'$）之间的距离越大，此时物体上变线的斜度较小，物体显露出的侧面宽度较大。

如图 2–51 所示，在其他 3 个要素保持不变的情况下，在两点透视中，观察角度越大，代表画面 $P$ 中的物体与其中一个灭点的距离越近，而与另一灭点的距离越远。随着观察角度的增加，连向较近灭点的变线斜度逐渐变大，物体显露出的侧面宽度逐渐变小，正面宽度逐渐变大；连向另一灭点的变线斜度逐渐变小，物体显露出的侧面宽度逐渐变大，正面宽度逐渐变小。

对比图 2–51 中的两个正方体，右侧的正方体能够较全面地展示 3 个面，且能够达到以正面为主、侧面为辅的展示效果。因此成为家具产品手绘中的常用角度（观察角度为 10°，物体角度为 45°）。

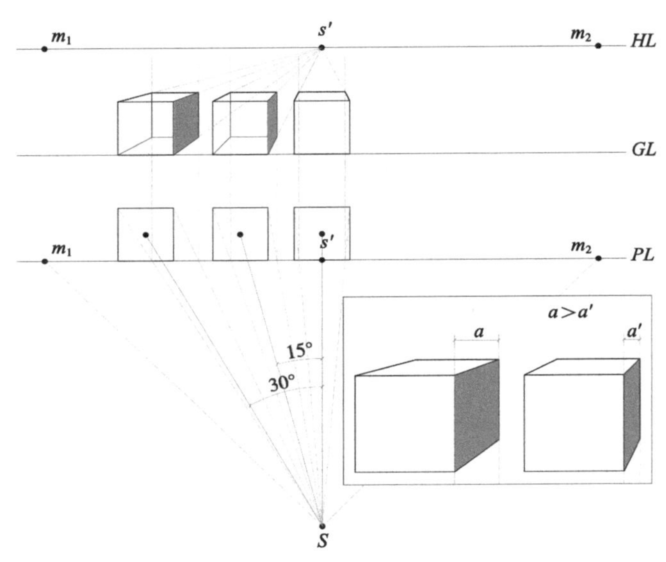


图 2–50 观察角度对一点透视的影响

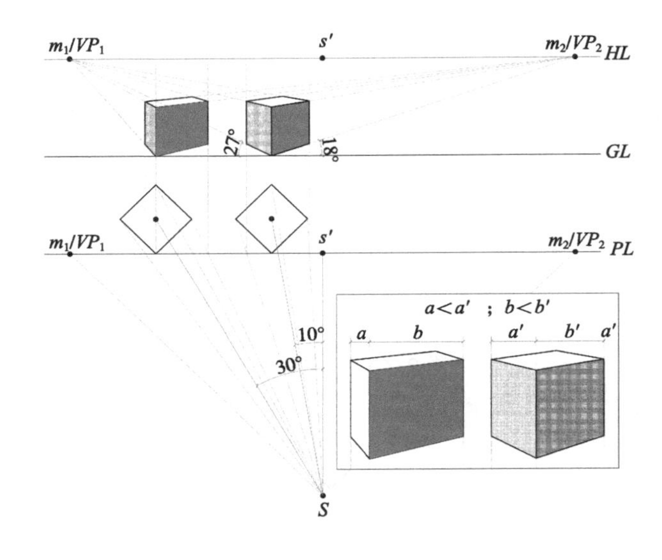


图 2–51 观察角度对两点透视的影响

### 2.4.4.4 物体角度的影响与选择

物体角度指的是物体某一个面与画面 $P$ 形成的夹角。为便于表述和理解，可以简单地理解为正方体 $X$ 面（图 2–52）与画面 $P$ 之间的夹角。

设定正方体的线段 $AB$ 为旋转轴，线段 $AB$ 位于心点 $s'$ 所在的垂线上。如前所述，当正方体 $X$ 面与画面 $P$ 平行时，此时的透视为一点透视，$X$ 面上所有方向的线条未发生斜度上的变化，$Y$ 面上纵深方向的线条发生倾斜，成为变线。在其他 3 个要素保持不变的情况下，随着正方体以线段 $AB$ 为旋转轴逆时针旋转，其 $X$ 面上的变线斜度逐渐增加，$X$ 面的宽度逐渐减小，$Y$ 面上的变线斜度逐渐减小，$Y$ 面的宽度逐渐增

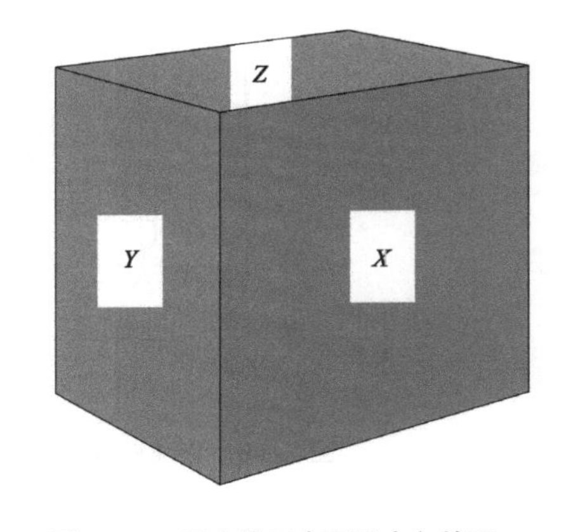


图 2–52 正方体三个不同方向的面

加；正方体的旋转角度等于 45° 时，其 $X$ 面和 $Y$ 面的宽度总和达到最大值。

此外，随着正方体的逆时针旋转，其灭点位置也随之发生变化，直到旋转至 45° 角时，两个灭点分别与两个距点重合。如图 2–53 所示。

正方体的旋转角度小于 45° 时，线段 $CD$ 左高右低；正方体的旋转角度等于 45° 时，线段 $CD$ 达到水平状态；正方体的旋转角度大于 45° 时，线段 $CD$ 左低右高。如图 2–54 所示。

对比图 2–54 中的 4 个正方体，一点透视正方体只能展示两个面，全面性不足；45° 的正方体虽具有全面的展示效果，但它自身呈现出左右对称状态，略显呆板；30° 的和 60° 的正方体则同时具有全面性和主次分明的展示效果，因此也成为家具产品手绘中的常用角度。

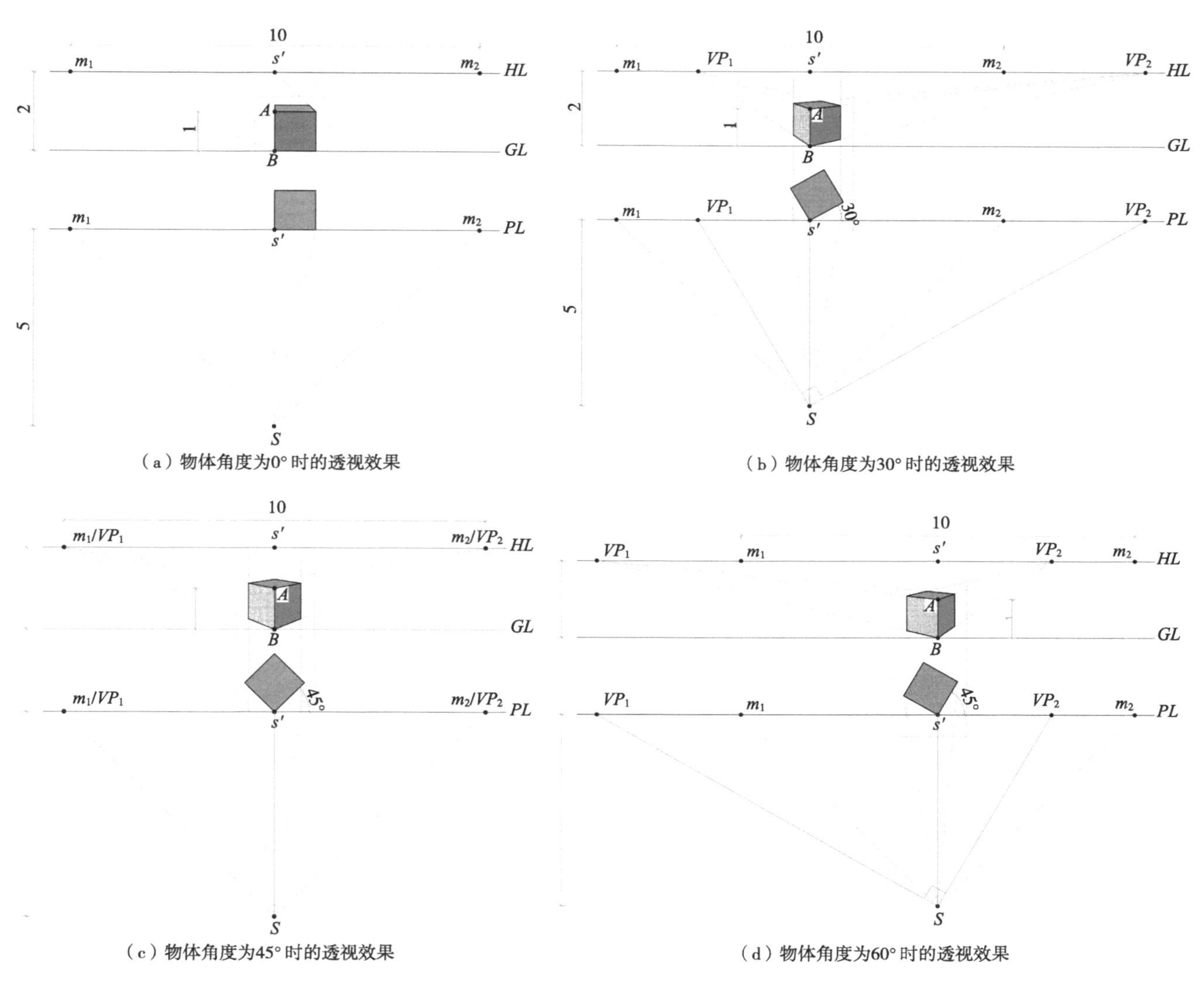


（a）物体角度为0° 时的透视效果

（b）物体角度为30° 时的透视效果

（c）物体角度为45° 时的透视效果

（d）物体角度为60° 时的透视效果

**图 2–53　物体角度由小到大的透视整体效果对比**

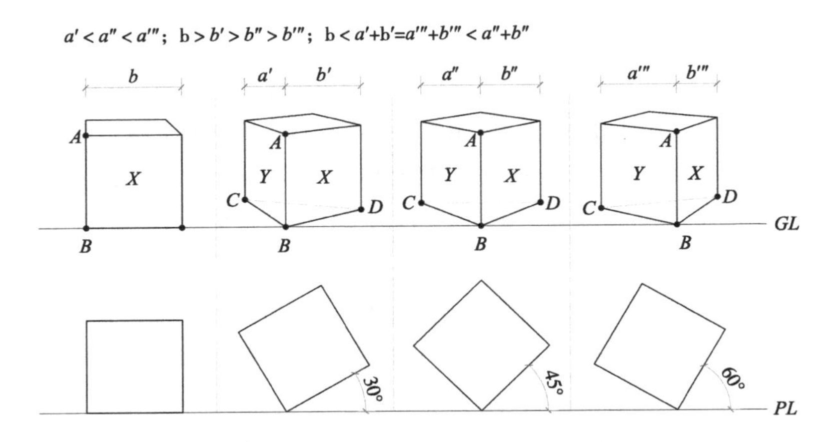


图 2-54 物体角度由小到大的透视详细效果对比

## 2.4.5 透视的快速表现

在家具产品设计过程中，设计构思往往转瞬即逝，不会有过多的时间允许设计者像工程制图那样绘制太多的辅助线与投影线，但没有正确的方法又容易造成透视失真，所以快速实用的作图方法在绘制手绘图时显得尤为重要。接下来，我们仍以长、宽、高各为 1 个单位的正方体为例，对一点透视和两点透视的快速绘制过程进行演示和讲解。

### 2.4.5.1 一点透视的快速表现

如图 2-55 所示，正方体的长、宽、高各为 1 个单位，正方体的一个基本面与画面平行且重叠，视平线 *HL* 高为 2 个单位，视距为 4 个单位，正方体与心点 *S'* 的水平距离为 1 个单位。在确定了物体尺寸、视距、视高和正方体的位置等因素后，通过常规的透视作图方法我们可得出正方体的精确透视图。

可是这种常规作图方法虽然十分精确，但是效率较低，更适合在工程制图中使用。因此，找到一种适于手绘表现的快速作图方法十分必要。上文讲到，一点透视中与画面 *P* 平行的线

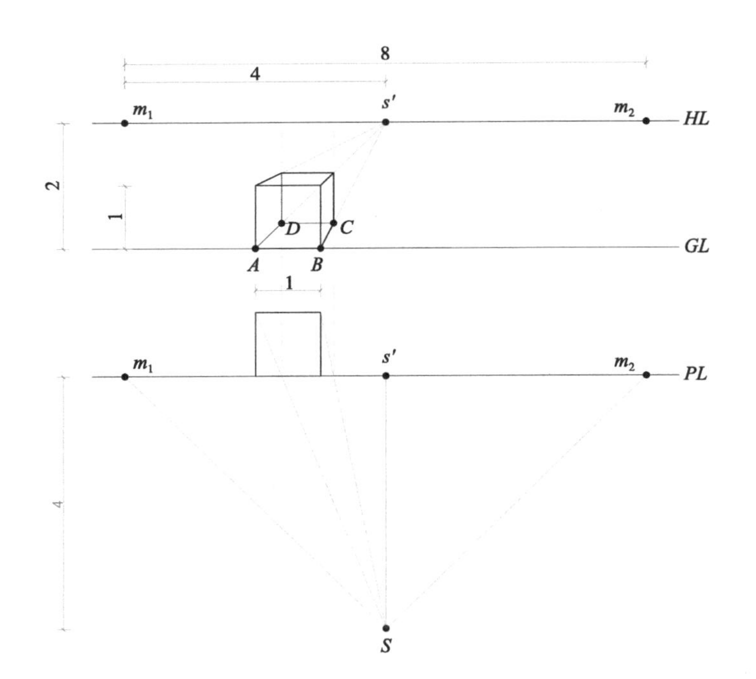


图 2-55 一点透视方体的常规作图方法

只发生近大远小的透视变化，而与画面 $P$ 垂直的线则发生纵深透视变形且消失于灭点 $VP$（心点 $S'$）。也就是说，想要更快地徒手绘制一点透视图，确定变线的进深尺寸是难点所在。

通过图 2–55 得知，线段 $AD$ 和线段 $BC$ 是正方体的进深尺寸。进一步分析则发现，距点 $m_1$ 与点 $B$ 和点 $D$ 在同一条直线上，距点 $m_2$ 与点 $A$ 和点 $C$ 在同一条直线上。也就是说，只要确定了点 $A$ 和点 $B$ 的位置，向它们的反向距点（$m_2$ 和 $m_1$）连线，即可与变线 $BS'$ 和 $AS'$ 分别交于点 $C$ 和点 $D$。同时，若从距点 $m_1$ 向 $C$ 点连线，则与变线 $AS'$ 交于 $F$ 点，线段 $DF$= 线段 $AD$= 线段 $BC$=1 个单位。若继续延伸线段 $m_1C$，则与基线 $GL$ 交于点 $E$，且线段 $BE$= 线段 $AB$=1 个单位。如图 2–56 所示。

视频 2–5

利用这些规律可以快速确定一点透视正方体的变线尺寸，并绘制出较为精准的正方体一点透视图（图 2–57）。第一，绘制出视平线 $HL$ 和基线 $GL$，并根据相关信息标注好心点 $S'$ 和两个距点的位置；第二，绘制一个单位为 1 的正方形，确定 $A$ 点和 $B$ 点，并由正方形的 4 个点向心点 $S'$ 连线；第三，连接距点 $m_1$ 和点 $B$，与线段 $AS'$ 交于点 $D$；由 $D$ 点分别作水平线和垂直线，与右侧和上方的变线相交，一点透视方体绘制完成。绘制过程详见视频 2–5。

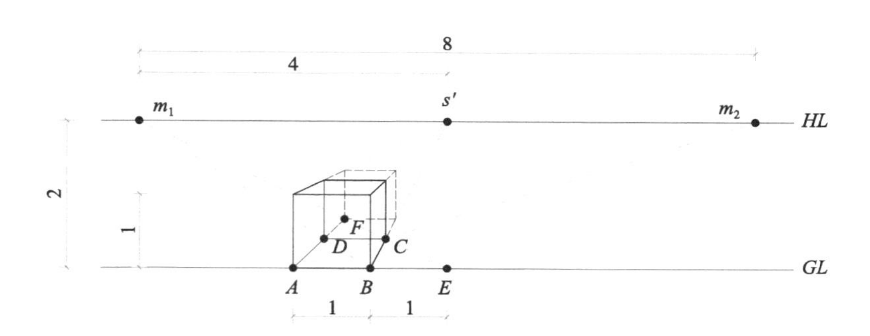


**图 2–56　一点透视方体变线尺度的确定方法**

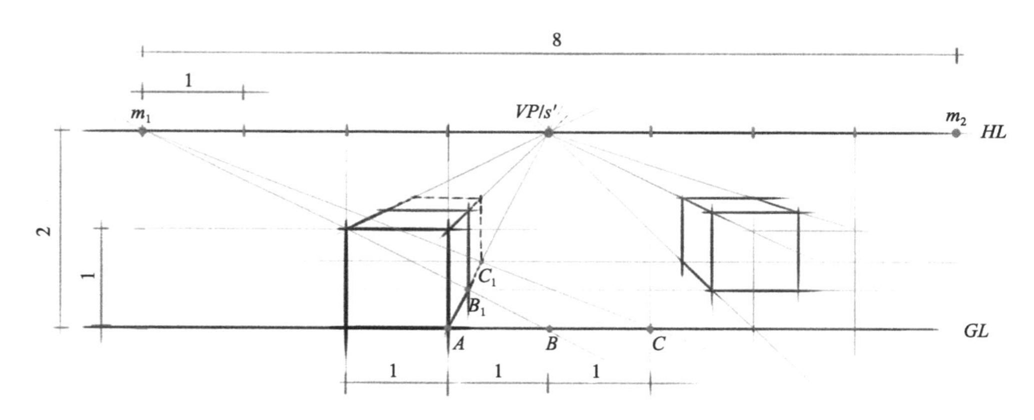


**图 2–57　一点透视方体快速作图方法**

### 2.4.5.2 两点透视的快速表现

两点透视与一点透视相比，其变化更加复杂，本节重点讲解 45° 的正方体的两点透视快速作图方法。

如图 2–58 所示，两个正方体的长宽高各为 1 个单位，正方体与画面 *P* 的夹角为 45°，视平线 *HL* 高为 2 个单位，视距为 5 个单位，观察角度分别为 15° 和 30°。在确定了物体尺寸、视距、视高和观察角度等因素后，通过常规的透视作图方法可得出正方体的精确透视图。

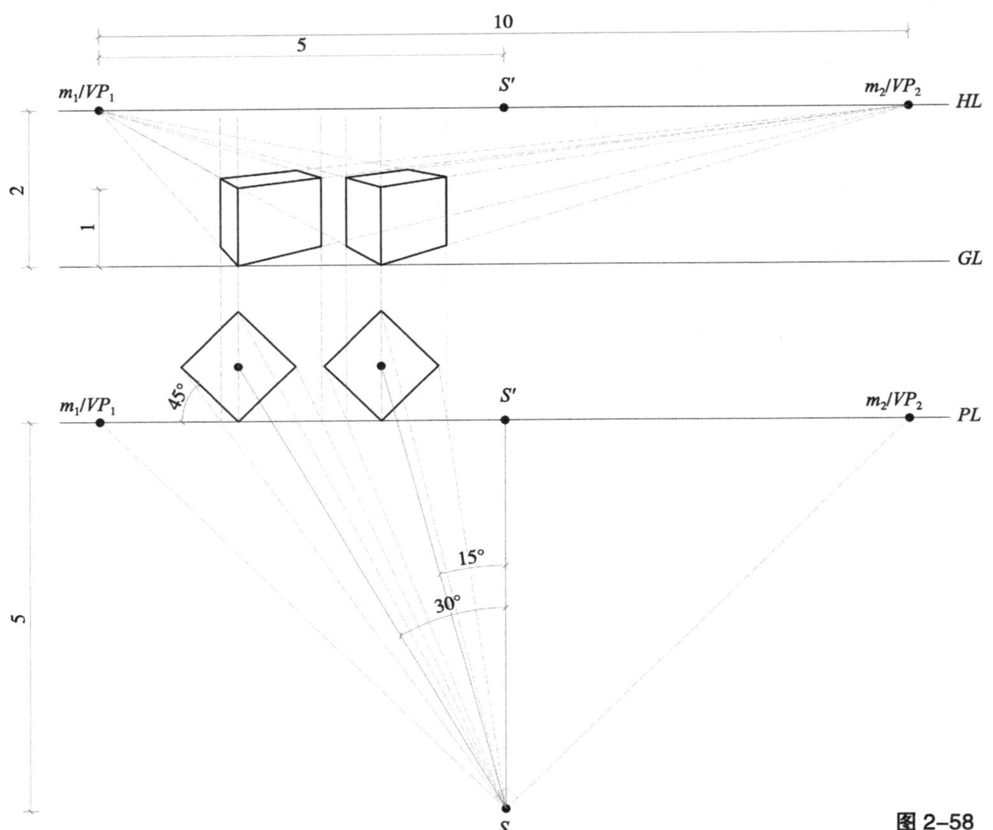


**图 2–58 两点透视方体常规作图方法**

对图 2–58 进一步分析发现，若从心点 *S'* 分别向正方体的 $B_1$ 和 $D_1$ 两个点连线，并继续延伸，则与基线 *GL* 交于 *B* 和 *D* 两个点，且线段 *AB* 和线段 *CD* 都约等于 0.7 个单位；此外，$B_1$、$B_2$、$D_1$、$D_1$ 4 个点都处于同一水平线上。如图 2–59 所示。

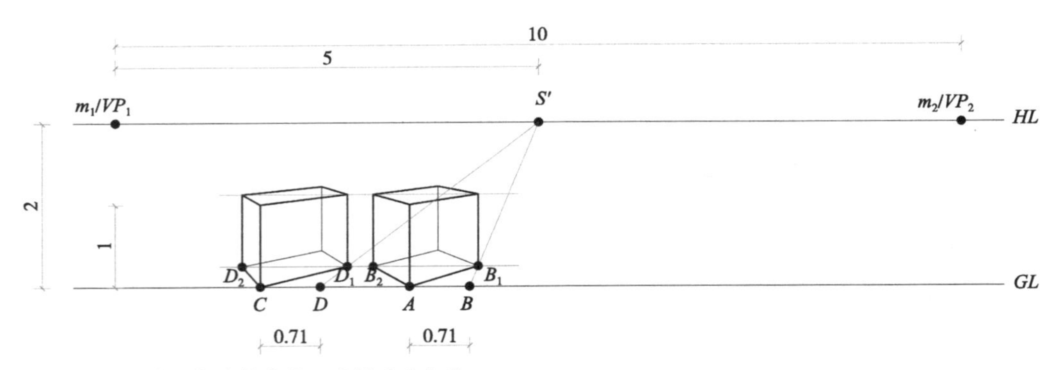


**图 2–59 两点透视方体变线尺度的确定方法**

利用以上两个规律可以轻松、快速地绘制出较为精准的正方体两点透视图（图 2-60）。第一，绘制出视平线 $HL$ 和基线 $GL$，并根据相关信息标注心点 $S'$ 和两个灭点的位置；第二，确定真高线的位置和高度，真高线分别于基线 $GL$ 交于点 $A$ 和点 $C$；第三，由真高线的上下两点分别向两个灭点连线，确定变线的方向；第四，分别由点 $A$ 和点 $C$ 向右量取 0.7 个单位，得到点 $B$ 和点 $D$；第五，连接 $S'B$ 和 $S'D$，分别与线段 $AVP_2$ 和 $CVP_2$ 交于 $B_1$ 和 $D_1$ 两个点，之后连接 $B_1$ 和 $D_1$ 并延伸，得出 $B_2$ 和 $D_2$ 两个点；第六，绘制其他线条。绘制过程详见视频 2-6。

视频 2-6

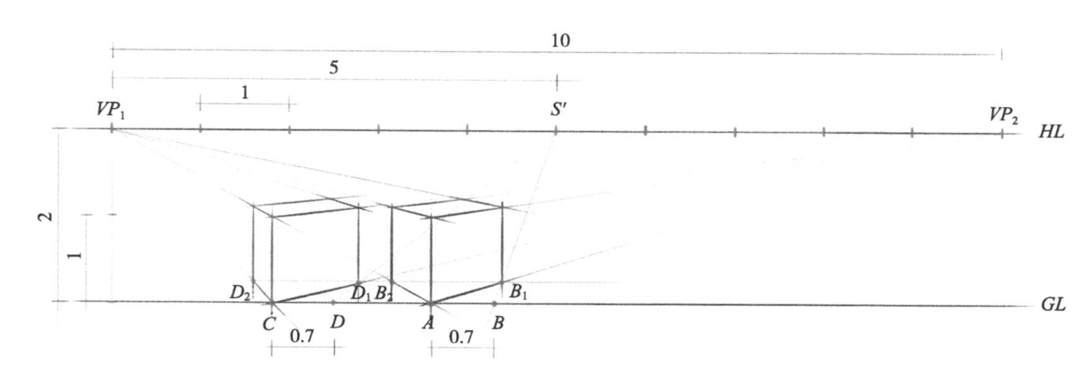


**图 2-60　两点透视方体快速作图方法**

一旦掌握了一点透视和两点透视的快速作图方法，便无须再像绘制工程图纸那样，借助基面 $G$ 上的俯视图来绘制大量的辅助线与投影线，只需借助视平线 $HL$ 和基线 $GL$ 就可以快速绘制出较为精确的透视图。

### 2.4.6　透视练习

如果说组织线条是家具产品手绘表现的基本技能，那么透视理论是家具产品手绘表现的重要理论依据。只有理解并掌握了透视理论，才能将不同方向、不同尺度的线条科学有序地组织成一幅准确且完整的家具产品手绘图。不符合透视法则的线条，无论多么具有表现力，它们在产品手绘图中都是错误的、无用的，最终都会影响产品手绘图的整体效果。

当然，想要熟练地利用透视理论进行家具产品手绘表现，除了要理解透视的原理外，还要进行大量的基础练习，只有如此，才能尽快熟悉不同形态、不同角度的形体透视变化规律，进而应用于家具产品手绘表现中。

视频 2-7

图 2-61 和图 2-62 所示分别为一点透视和两点透视的常见训练方式。在绘制之前，必须要利用之前的透视知识，提前将正方体的尺寸，正方体之间的相对位置、视距、视高、观察角度（或正方体与人眼的相对位置）和正方体自身角度等因素确定好，之后利用快速作图方法有理有据地开展接下来的绘制过程。如果只是不假思索地照图临摹，与简单地进行线条的技能练习无异，对培养精准的透视感受能力作用不大。图 2-61 和图 2-62 的详细绘制过程见视频 2-7 和视频 2-8。

视频 2-8

在图 2-61 和图 2-62 中，应用较多的是中心区域附近的几个方体，边缘区域的方体变形严重、失真率较大，较少应用于家具产品手绘中。有时，也可根据形体比例将不同种类的家具产品置入透视训练当中，以便于更好地感受透视在家具产品手绘中的应用（图 2-63）。

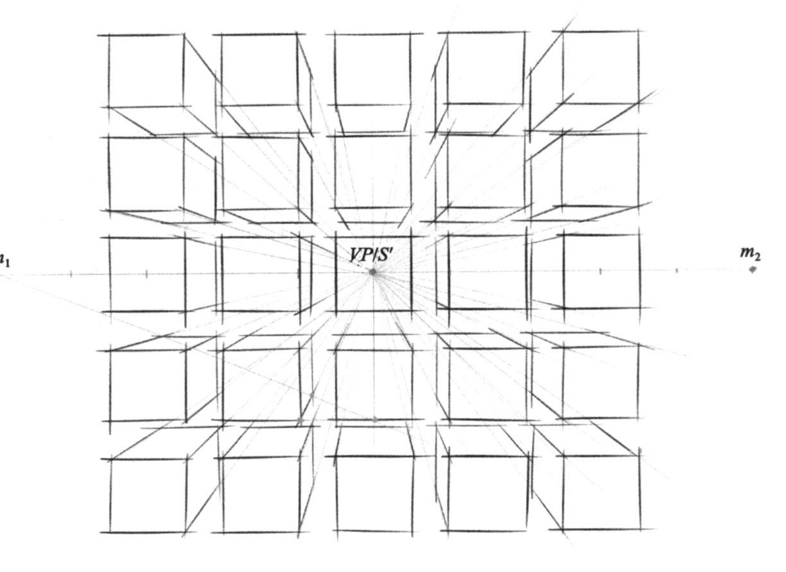


图 2-61 一点透视常规训练方式

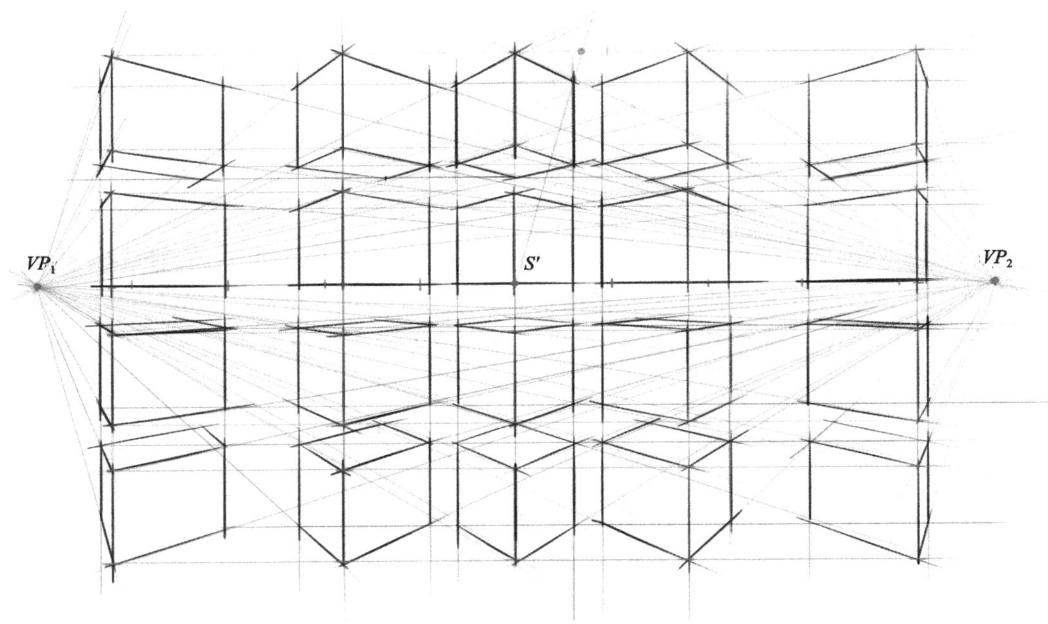


图 2-62 两点透视常规训练方式

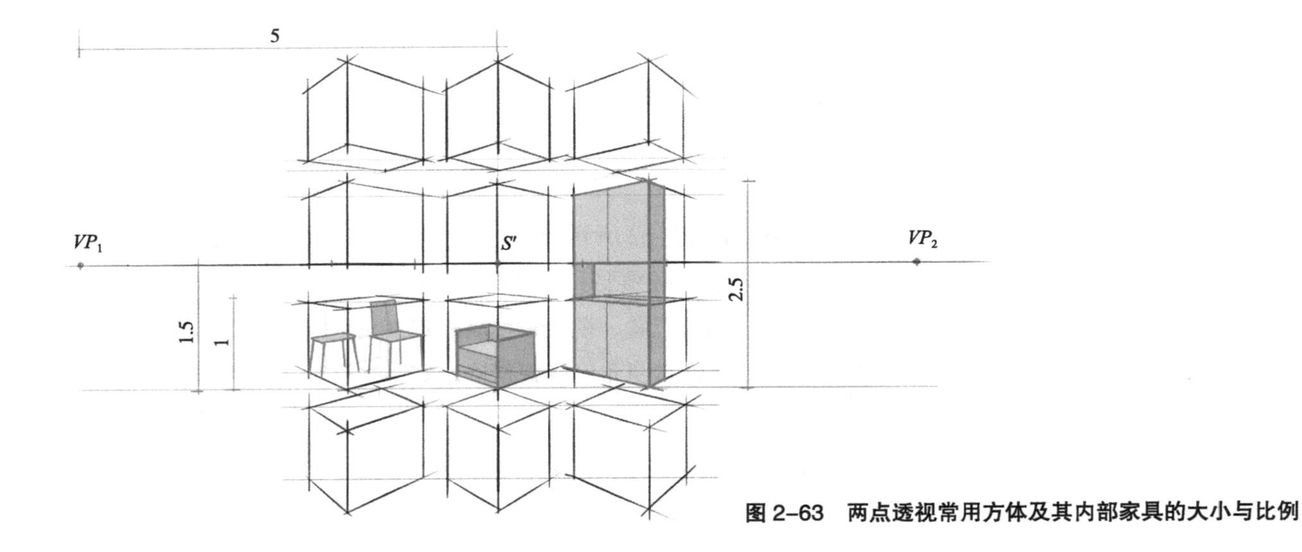


图 2-63 两点透视常用方体及其内部家具的大小与比例

## 2.5　描摹、临摹、逆向还原与正向表现

描摹是指将通透性较好的纸张（通常用硫酸纸）覆于产品图片或产品手绘图上进行描绘的一种手绘练习方式。通过大量描摹，初学者可以对产品的角度、构图、透视、整体或局部的比例关系以及产品的光影关系形成初步认知，有利于提升自身的手绘造型能力（图 2–64）。临摹则是以成熟的手绘作品为参照，直接在纸面上进行模仿绘制的练习方式。除了参考原图的角度、构图、透视、比例及光影关系外，还要对其用笔技巧进行思考和推敲，以形成一定的视觉表现力。

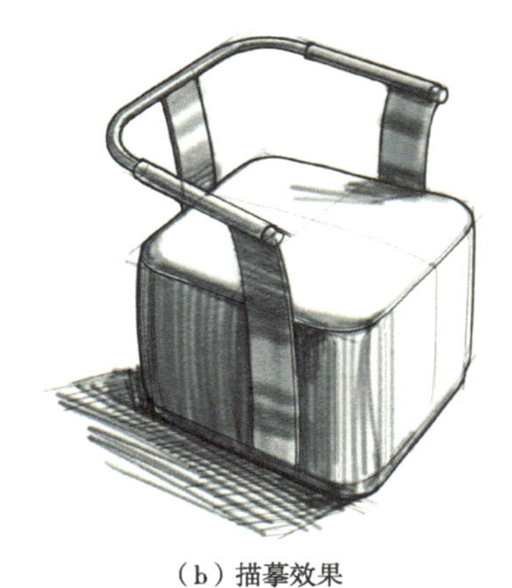

（a）将硫酸纸覆于图片上进行描摹

（b）描摹效果

图 2–64　休闲椅描摹图

通过对产品进行描摹或临摹，可以对产品的造型、结构和材质形成一定的感知；在此基础上，可以尝试逆向推敲出产品的三视图，进而以三视图为依据绘制出这件产品不同角度的透视图。这一过程就是产品的逆向还原。

对产品进行逆向还原是一个难度较高但必须攻克的环节，它是衡量初学者是否能够踏进手绘“大门”的标志。只有具备了此项能力，才能在后期进行正向设计时，从不同角度将自己头脑中的概念性方案表现得相对准确和美观。如图 2–65 所示，通过对单人沙发的照片进行细致的描摹，可初步推敲出其大致的形体结构以及三视图，之后以此为依据，可逆向推导出其他角度的透视效果图。绘制过程见视频 2–9。

视频 2–9

对于成熟的设计师而言，通常可以省略描摹或临摹的过程，他们大多可以通过对产品的细致观察，直接在头脑中推敲出产品整体及各组件的大致形体结构，并将其还原出来。

正向表现是指设计者根据设计要求和自身经验，将头脑中构思出的

（a）单人沙发原图

（c）逆向还原

（b）形体的描摹与推敲

图 2–65　单人沙发的描摹、推敲与逆向还原

产品意象进行主动表现的创造性过程。与逆向还原是对现有产品的模仿和再现不同，正向表现的结果是创造出新的、与众不同的产品。它不仅考验设计者的手绘水平，更考验设计者的设计构思能力，以及对产品造型、结构、材料、工艺等多方面的把控能力。因此，正向表现的过程更加复杂，绘制难度也更高。如图 2-66 所示，设计者吸收了短裙的形态特征，以实木单板为主要材料，利用实木单板可层压弯曲的工艺特性，结合榫槽结构，设计构思出款式新颖、可叠摞式的凳子形态。

对于初学者而言，手绘练习应遵循“描摹与临摹—逆向还原—正向表现”的思路。临摹与描摹可使初学者对手绘产生感性体会和认识，属于初级阶段；逆向还原则是将手绘由“感性认识”上升到“理性推理”的过渡阶段；正向表现又更进一步，是设计者学习手绘的终极目标。

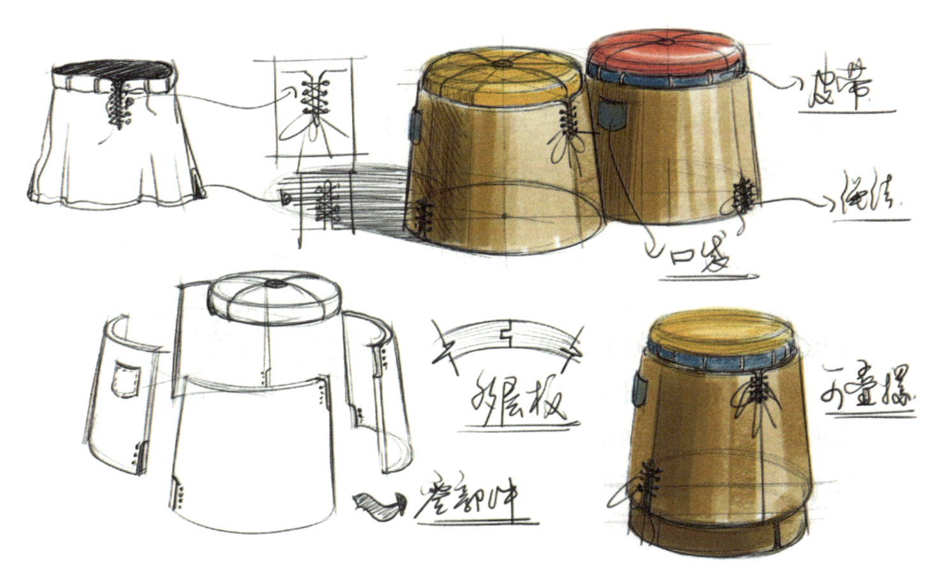


**图 2-66 凳子的构思与快速表现**

## 思考与练习

1. 试阐述家具产品手绘表现中的 5 种线条类型，并绘制 1 件包含以上 5 种线条类型的家具产品。

2. 在 A3 规格的纸张上分别练习中间重两头轻的直线、起点重的直线和轻重较平均的直线。

3. 在 A3 规格的纸张上分别进行随机性曲线、抛物线以及两者的综合练习。

4. 初学者为什么要按照“先平面、后立体”的步骤开展手绘练习？

5. 试阐述透视的形成原理，并绘制出透视形成的过程图。

6. 分别绘制一点透视和两点透视的主视图和俯视图。

7. 试阐述影响视角的 4 个要素，并分别阐述它们对视角的影响规律。

8. 以正方体为例，分别对一点透视和两点透视进行快速表现。

# 第3章
# 家具产品中的基本形体及其投影

**本章提要**

本章将对构成家具产品的基本形体及其投影进行详尽地讲解与演示，主要内容有4节，分别是方体及其投影，圆柱体（垂直圆柱体、水平圆柱体、相交的圆柱体、弯曲的圆柱体、圆环）及其投影，球体及其投影，以及复杂形体及其投影。在此基础上，还对每种基本形体衍生出的家具产品进行了详细的绘制，且将绘制过程以图片和视频的形式进行呈现，以便于初学者学习和掌握。

# 3.1 家具产品中的基本形体及其投影概述

家具产品中的基本形体主要包括方体、圆柱体和球体（图 3-1），通过对这些形体进行变形或组合，基本可以表现出各种各样的家具产品。如图 3-2 中的长椅和图 3-3 中的沙发分别是对方体和圆柱体进行切割、倒角、组合等手段绘制而成的。

（a）正方体

（b）圆柱体

（c）球体

**图 3-1 基本形体**

**图 3-2 由方体衍生出的长椅**

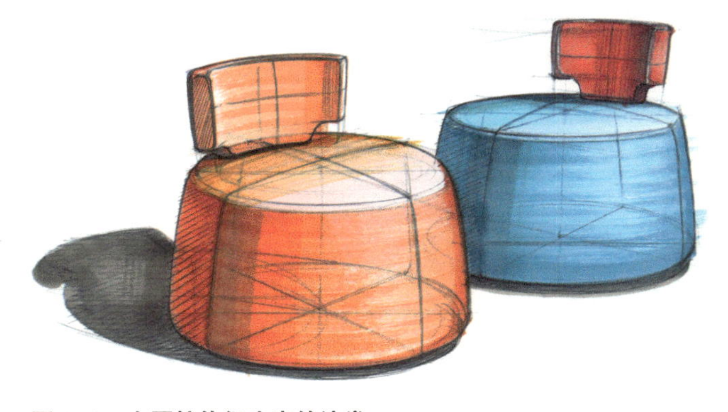

**图 3-3 由圆柱体衍生出的沙发**

在家具产品手绘过程中，除了要画出家具形体，还需对其投影进行绘制。投影不但可以强调物体的造型，而且可以清晰地反映产品结构以及产品与地面、背景之间的关系，为画面创造一种视觉深度，从而增加画面的立体感和真实感。投影形状除受物体本身造型的影响外，还与光线射入的方向有直接关系。通常情况下，平行光线照射出的投影易于初学者理解和掌握，是本教材练习的重点（图 3-4，视频 3-1）。

视频 3-1

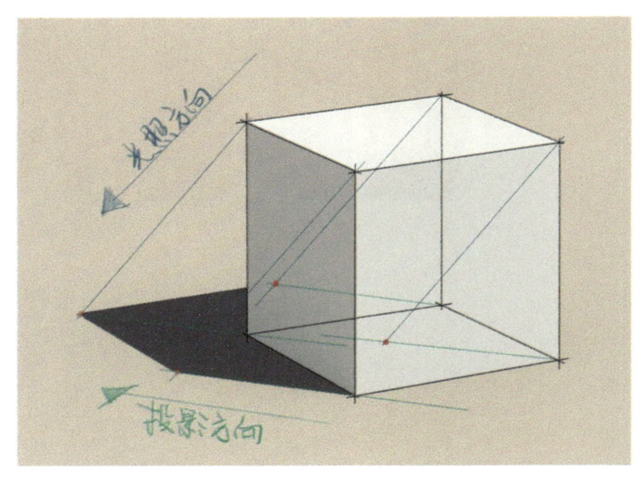


**图 3-4 平行光线下的方体投影**

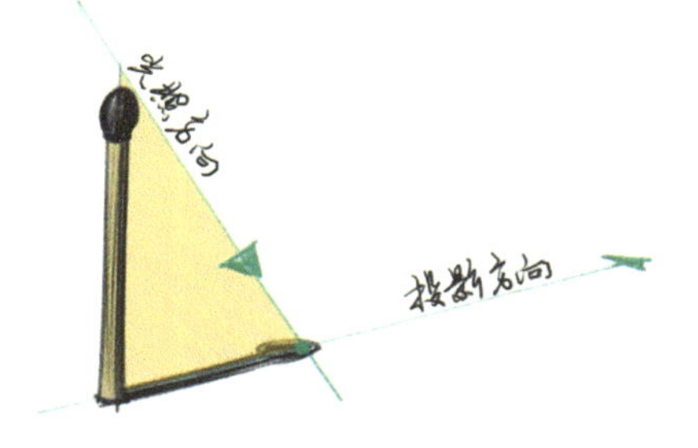

图 3-5　火柴及其投影

绘制投影需把握光照方向和投影方向两个维度。如图 3-5 所示，可以通过光照方向和投影方向准确地确定火柴在地面上的投影。有些形体的投影看似复杂，但只要理清思路，利用参照点或参照形，便可轻松绘制出来。如图 3-6 所示倒锥体及其投影其实是通过 4 个椭圆作为参照形绘制而成的，并且投影的绘制使倒锥体的悬浮状态得以呈现。

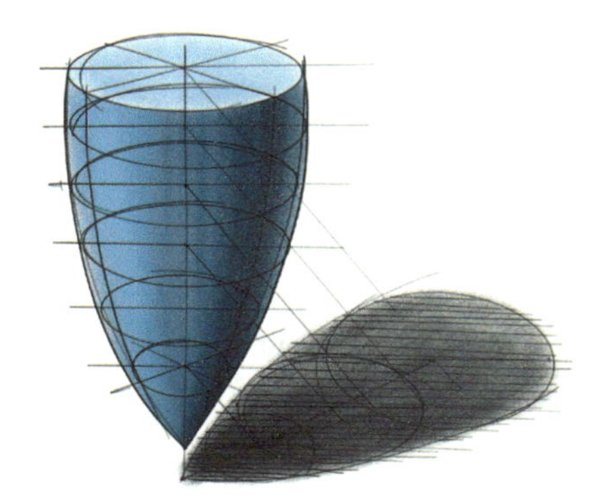
图 3-6　倒锥体及其投影

## 3.2　方体及其投影

方体包括正方体和长方体。现实中的许多家具产品都可以概括为一个方体（或方体的变形），针对这类家具产品，便可以从方体开始绘制。如图 3-7 所示的沙发、凳子和柜子等家具产品，都是先以方体为基本架构，之后对方体进行细分或切割，才得出了它们的基本形态（绘制过程详见视频 3-2）。因此对不同角度的方体进行大量练习是初学者必须经历的一个训练阶段。

视频 3-2

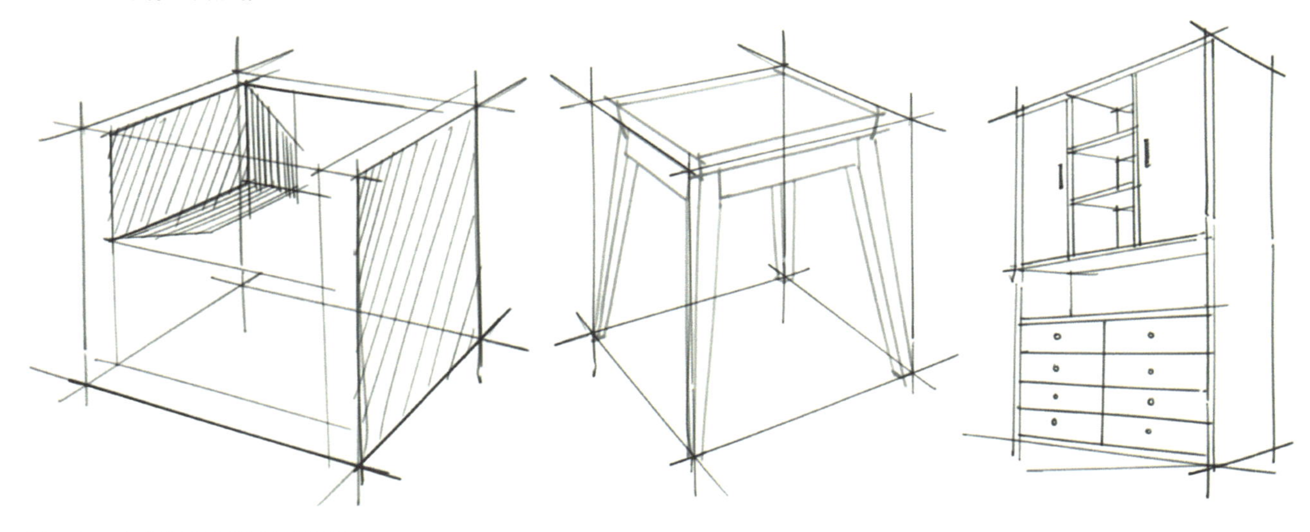
图 3-7　由方体衍生出的家具产品

### 3.2.1　两种常用视角的正方体

第 2 章 2.4 节透视图中以正方体为例对视角的选择进行了详细介绍，并指出观察角度为 0°、物体角度为 30°（或 60°）和观察角度为 10°、物体角度为 45°是家具产品手绘中的常用角度。本节将从手绘的实用性和快捷性角度，对这两种视角的正方体进行详细讲解和演示，以便于初学者能够尽快摆脱对视平线、基线、心点、灭点和距点的依赖，并能够较快、较准地开展正方体的徒手绘制。

如图 3-8 所示，两个方体的线段 *AB* 和线段 *AD* 与基线 GL 的夹角是所有同方向线段中斜度最大的两条线段。总体来说，同一方向的线段越靠上就越接近视平线，其斜度越小。也即是说，在斜度方面，线段 *AD*> 线段 *BC*> 线段 *A'D'*> 线段 *B'C'*，线段 *AB*> 线段 *DC*> 线段 *A'B'*> 线段 *D'C'*。在面的宽度方面，越靠右，其面宽越大，即 $a_1<a_2$。

不同的是，在角度为 30°的正方体中，点 *D* 和点 *D'* 分别高于右侧的点 *B* 和点 *B'*；而在 45°的正方体中，点 *D* 和点 *D'* 分别与点 *B* 和点 *B'* 等高。

在得知了以上规律和相关角度数据后，可以按照一定顺序逐步推理并绘制出一个相对精准的正方体，如图 3-9、图 3-10 所示。需要说明的是，由于两个立方体中点 $B$ 和点 $D$ 以及点 $B'$ 和点 $D'$ 的相对位置有所不同，因此在绘制点 $D$ 和点 $D'$ 的步骤上也稍有不同，如图 3-9（c）~（h）所示。绘制过程详见视频 3-3。

视频 3-3

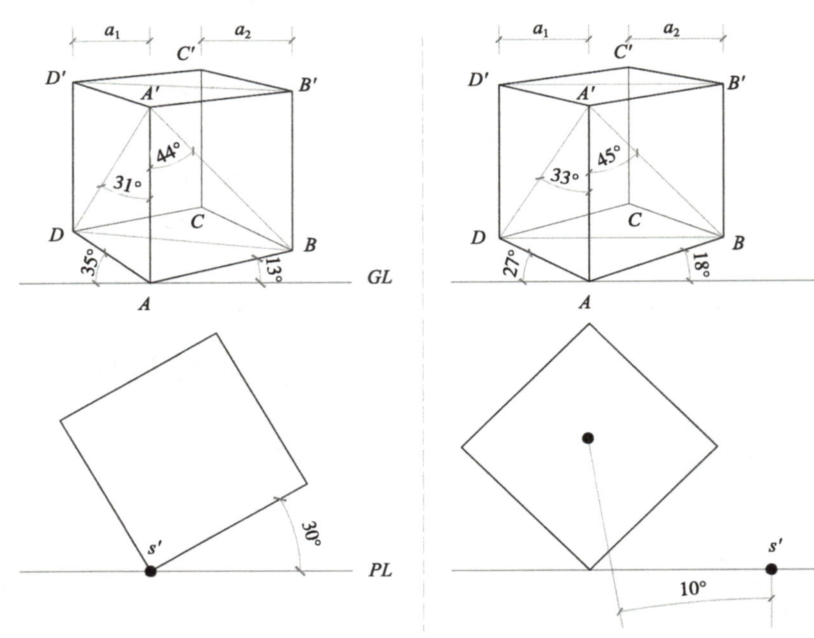


图 3-8　角度为 30° 的和 45° 的正方体的形体分析

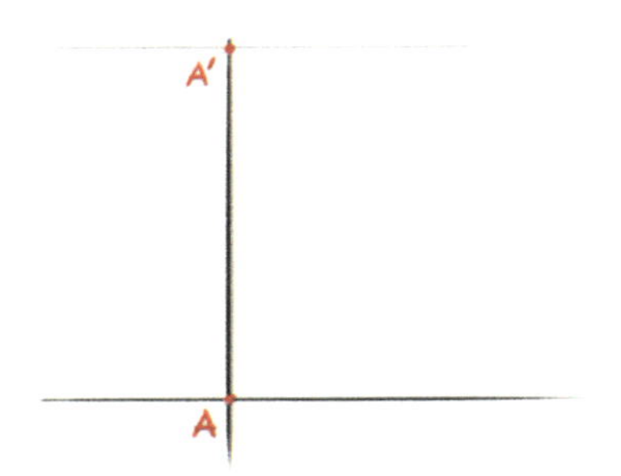


（a）绘制线段 $AA'$，并分别过两个点作一条水平线

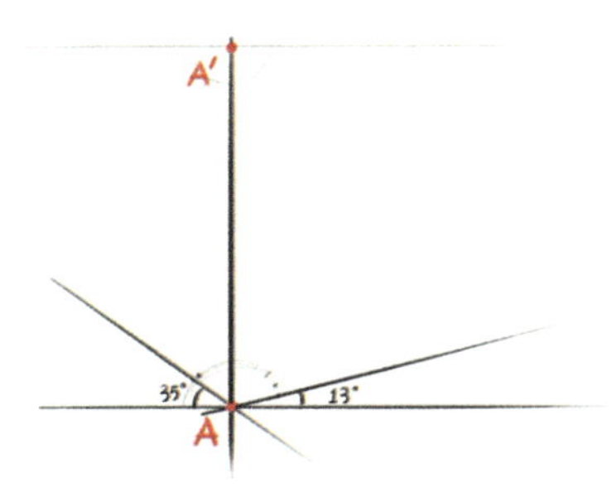


（b）大致估算出左右两条线的角度，并点由 $A$ 向两侧画线

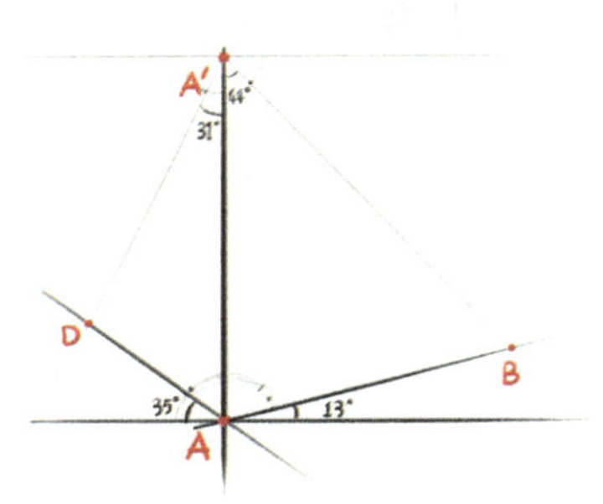


（c）根据相应角度，由点 $A'$ 开始向两侧画线，分别与下方的两条线交于点 $B$ 和点 $D$（点 $B$ 的高度低于点 $D$）

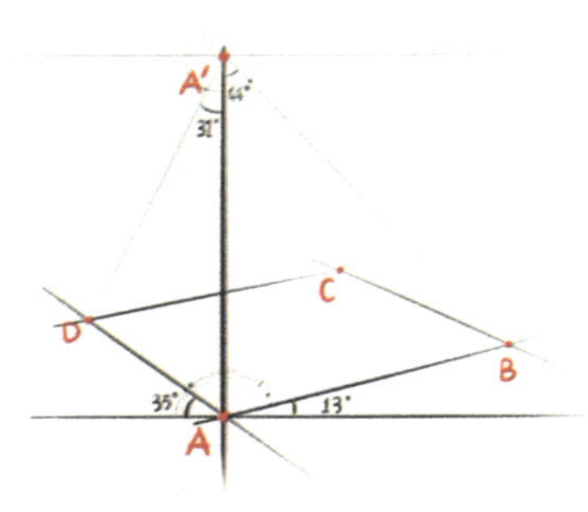


（d）根据斜度变化规律，以点 $B$ 和点 $D$ 为起点画线，交于点 $C$

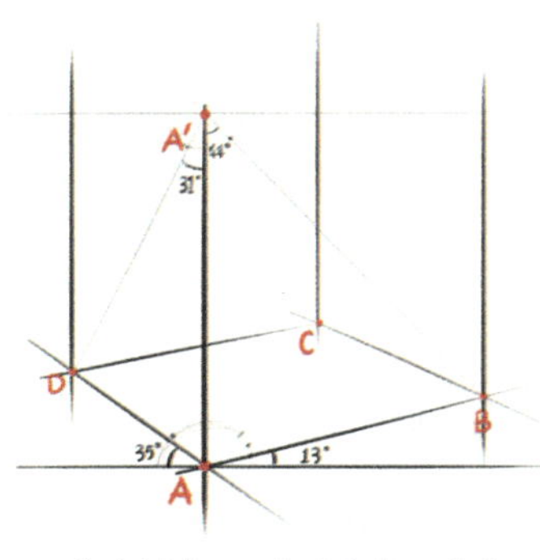


（e）过点 $B$、点 $C$ 和点 $D$ 向上绘制 3 条垂线

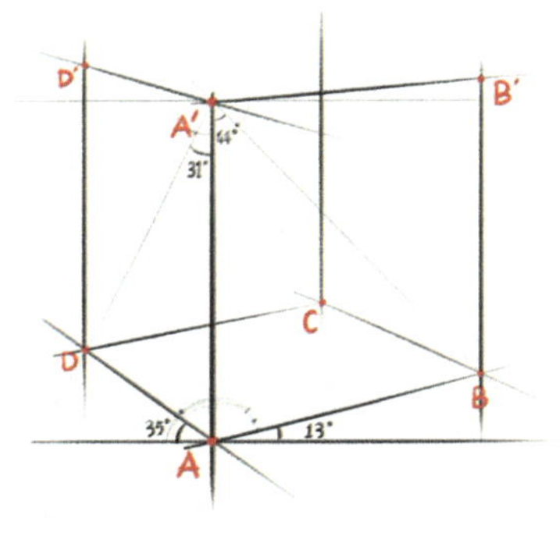


（f）根据斜度变化规律，过点 $A'$ 向两侧画线，并与两侧的垂线交于点 $B'$ 和点 $D'$

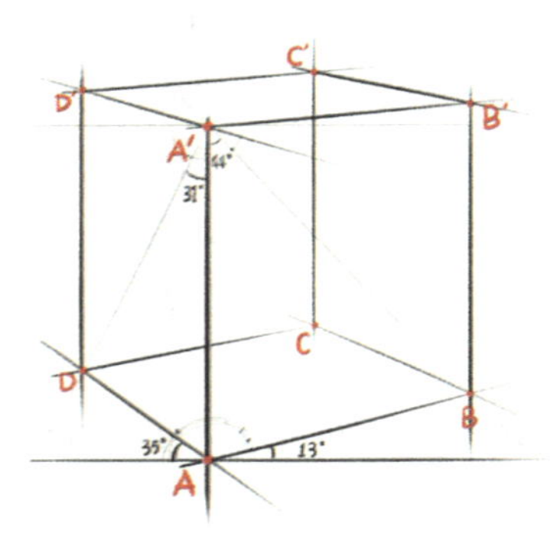


（g）根据斜度变化规律，过点 $B'$ 向内侧画线，并与内侧的垂线交于点 $C'$，之后连接 $D'C'$，完成角度为 30° 正方体的绘制

图 3-9　角度为 30° 的正方体画法

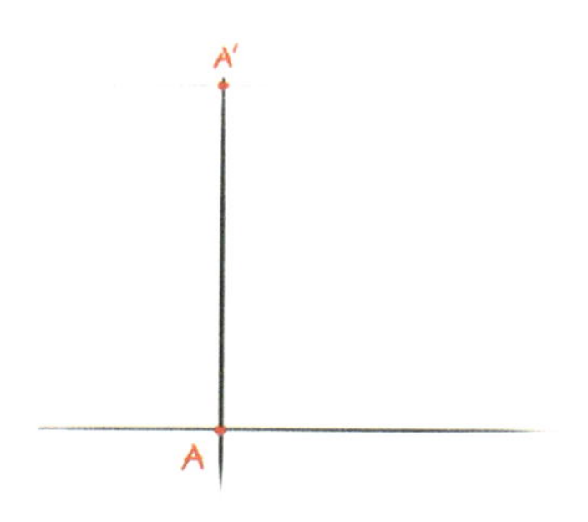


（a）绘制线段 *AA′*，并分别过两个点作一条水平线

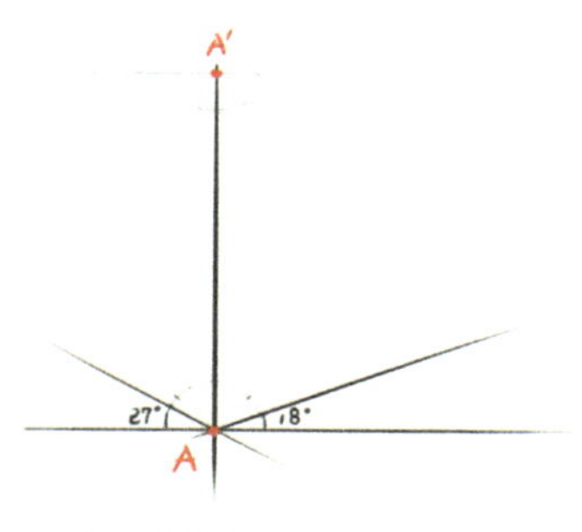


（b）估算出左右两条线的角度，并由点 *A* 向两侧画线

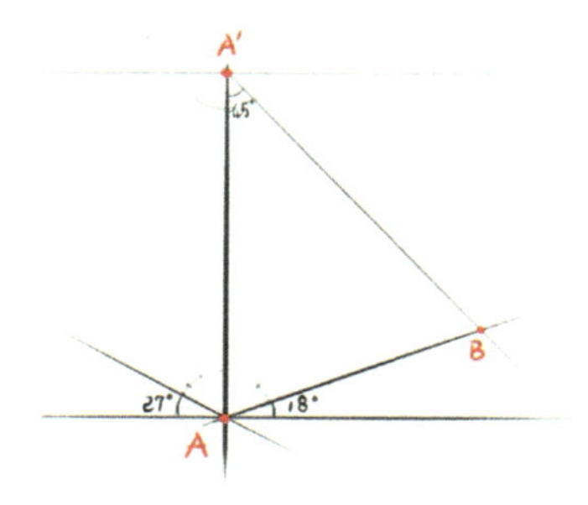


（c）根据相应角度，由点 *A′* 开始向一侧画线，与下方的斜线交于点 *B*

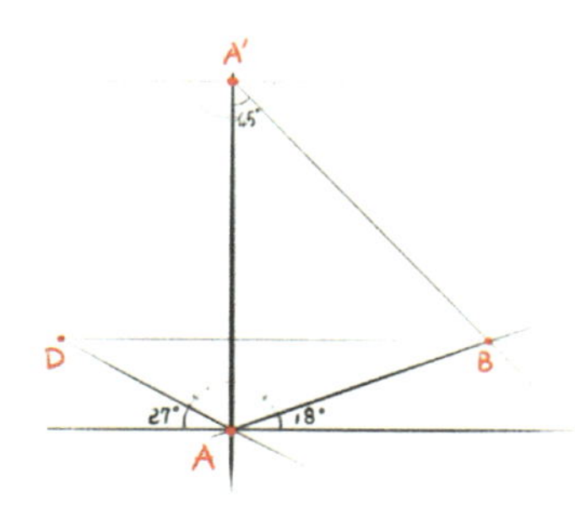


（d）如前所述，点 *B* 与点 *D* 等高，因此可通过一条水平线确定点 *D* 的位置

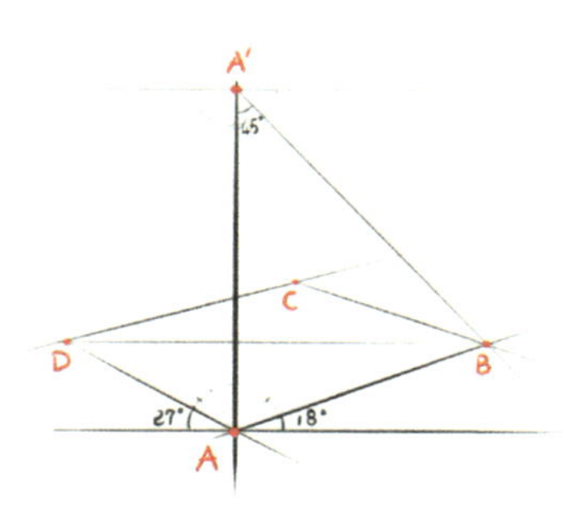


（e）根据斜度变化规律，以点 *B* 和点 *D* 为起点画线，交于点 *C*

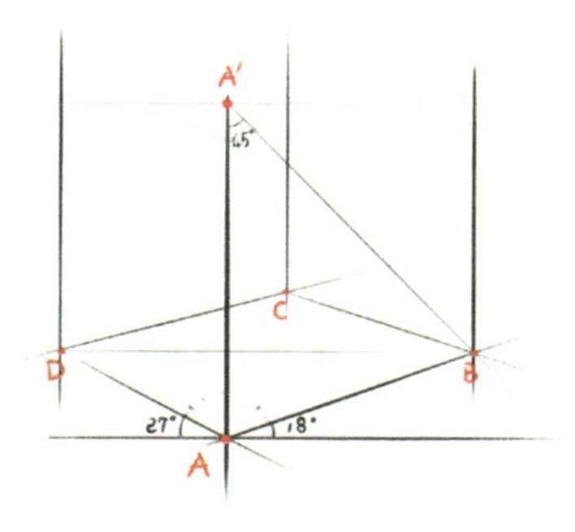


（f）过点 *B*、点 *C* 和点 *D* 向上绘制 3 条垂线

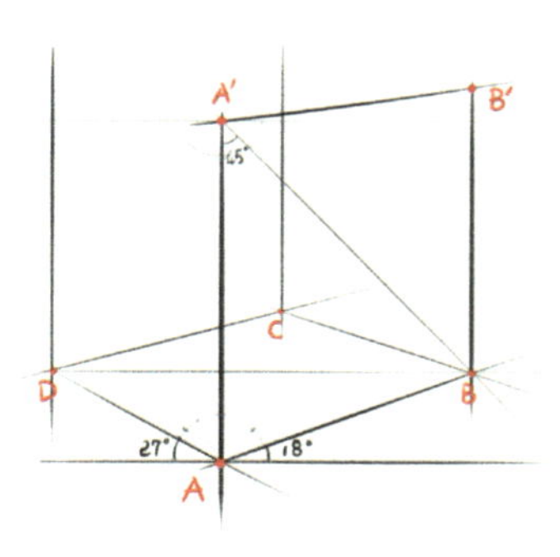


（g）根据斜度变化规律，过点 *A′* 向右侧画线，与右侧的垂线交于点 *B′*

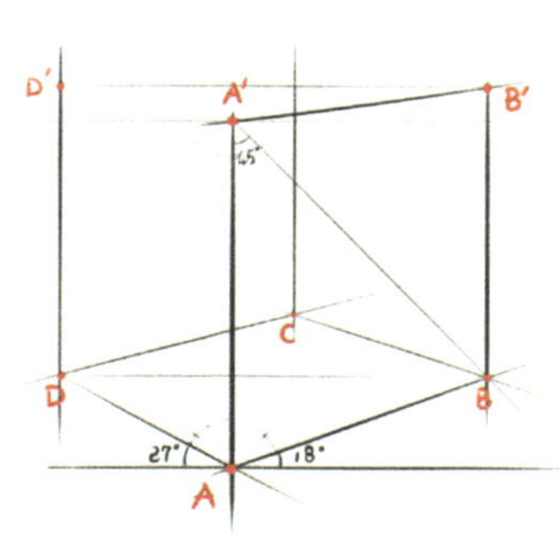


（h）点 *B′* 与点 *D′* 等高，可通过一条水平线确定点 *D′* 的位置

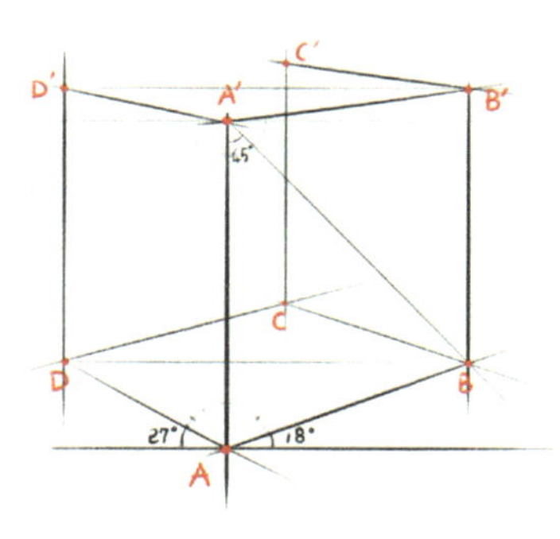


（i）根据斜度变化规律，过点 *B′* 向左侧画线，与左侧的垂线交于点 *C′*

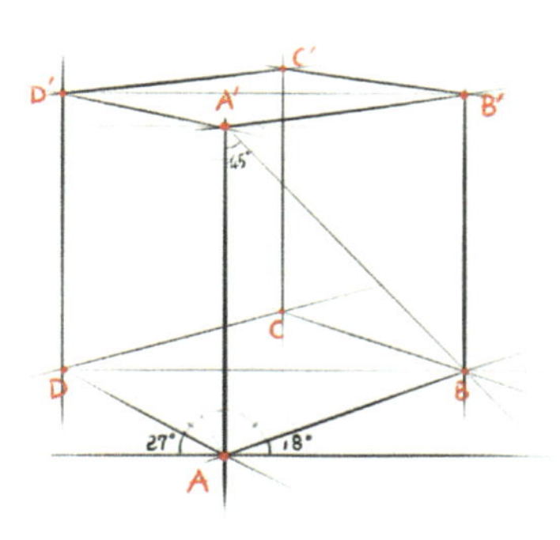


（j）连接 *D′C′*，完成角度为 45° 正方体的绘制

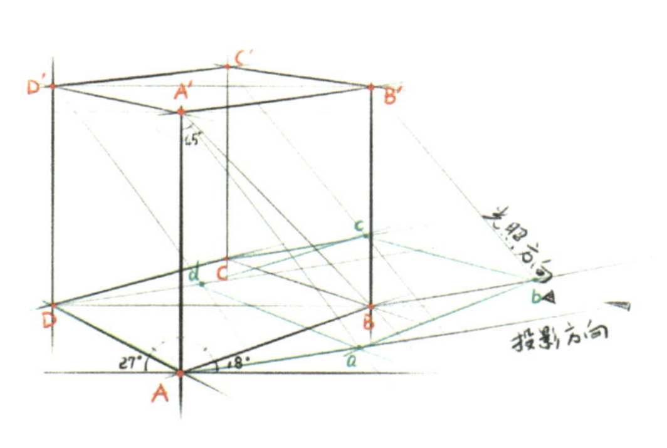


（k）确定光照方向和投影方向，绘制方体的投影轮廓

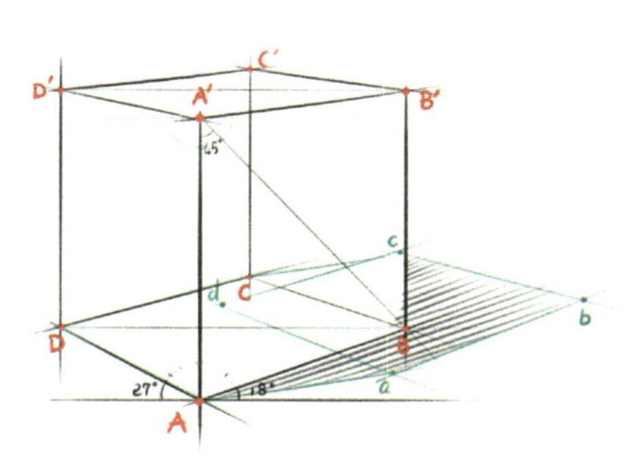


（l）加深投影

**图 3–10　角度为 45° 的正方体的画法**

通过以上步骤对两种角度的方体进行徒手练习是非常必要的，它有助于初学者在摆脱对视平线、基线、心点、灭点和距点的依赖后，仍然能够有理有据地绘制出相对精准的正方体；甚至，在大量地练习之后，初学者可以进一步摆脱对上述严谨绘制方法的依赖，仅凭记忆和感觉就能够快速完成方体的绘制（图 3–11）。在练习过程中，必须要时常对相邻线条的斜度、面与面的宽度进行对比和检查，以免出现较大的错误。

此外，也可以借助这两种角度的方体，并依据第 2 章所讲的透视规律，对相近角度的方体进行推测和演练，以使画面更加丰富。

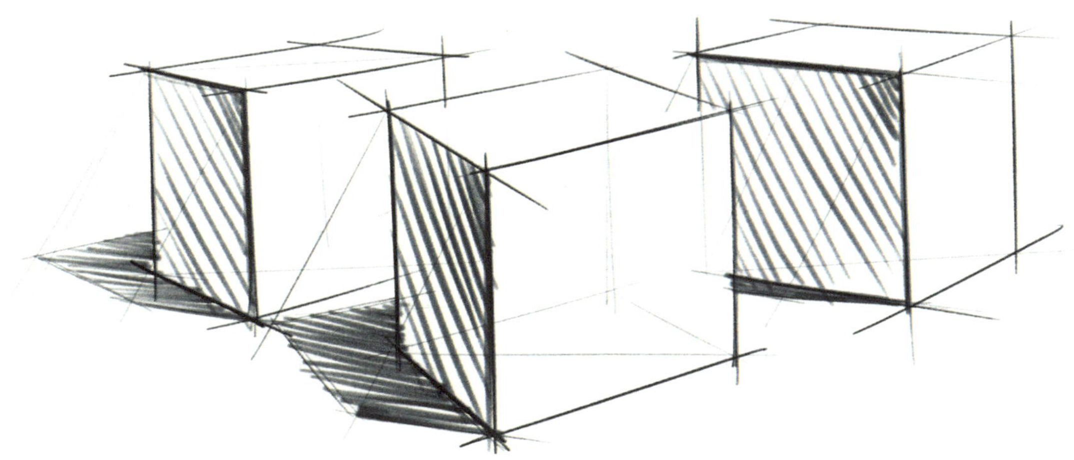

图 3–11　凭感觉快速绘制的方体

## 3.2.2　不同空间环境下的方体及其投影

当方体处于不同的空间环境时，其投影也会发生相应变化。如悬空的方体、中空的方体、相邻的方体、垂面上的方体，它们的投影与平面上的方体有所不同。

### 3.2.2.1　悬空的方体及其投影

如图 3–12 所示的两个方体及其投影，其中一个位于平面之上，投影受形体本身遮挡，因此显示并不完整；另一个方体呈悬空状态，其在平面上的投影是一个完整的六边形。

图 3–12　两个方体及其投影

如图 3–13 所示，悬空方体的投影绘制关键在于找到方体在地面上的落点，之后再根据上述投影绘制方法正常绘制即可。绘制过程详见视频 3–4。

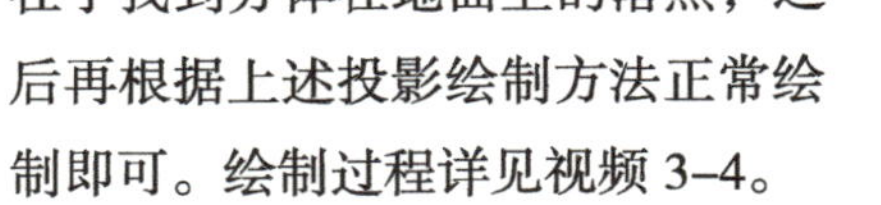

视频 3–4

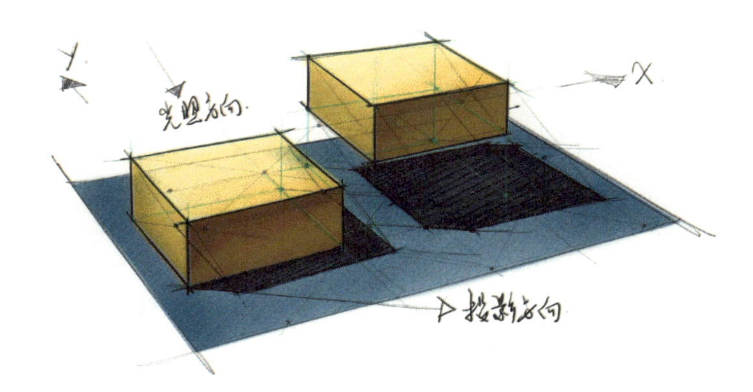


图 3–13　悬空的方体及其投影练习

### 3.2.2.2　中空的方体及其投影

视频 3–5

如图 3–14 所示的 3 个内部中空的方体，其外部投影与正常方体无异，内部投影则因为形体的转折而发生了变形。绘制此类投影时，可先将整体投影绘制完整，之后找到投影轮廓与转折面的交点，最后将内部的顶点与交点连接即可。绘制过程详见视频 3–5。

（a）中空方体内部投影的确定方法

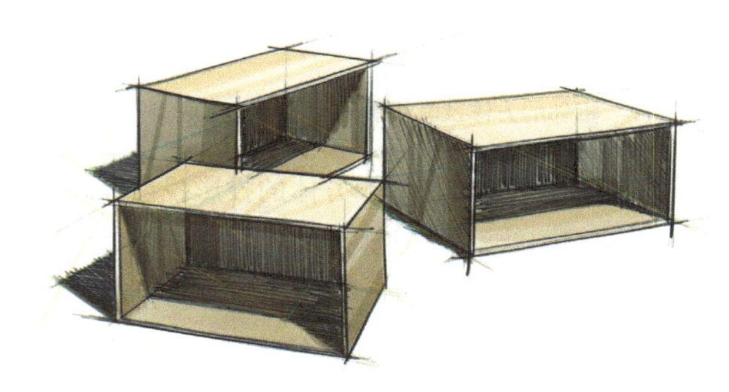

（b）整体效果

图 3–14　内部中空的方体及其投影练习

在平时的练习中，可以将打开的纸箱作为常用练习素材，如图 3–15 所示。

### 3.2.2.3　相邻的方体及其投影

如图 3–16 所示的两个相邻的方体，右侧方体的投影有一部分投射在左侧方体上，并发生了转折变形。

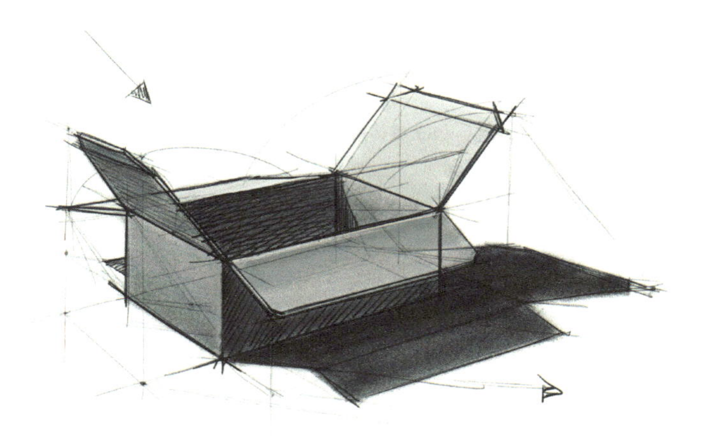

图 3–15　纸箱练习

图 3–16　相邻的方体

视频 3–6

绘制此类投影，首先，要确定右侧方体在地面上的整体投影轮廓，并找到投影轮廓与左侧方体的交点；其次，需要推理出右侧方体中 $A$ 点在左侧方体上的投影位置（$a'$）；最后，将两个点相连，并以点 $a'$ 为起点画一条平行于右侧方体顶面的线，其投影轮廓便绘制完成了（图 3–17）。绘制过程详见视频 3–6。

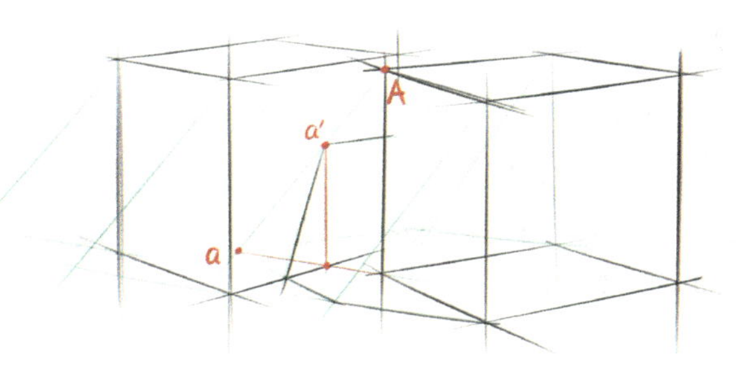


（a）相邻方体投影的确定方法

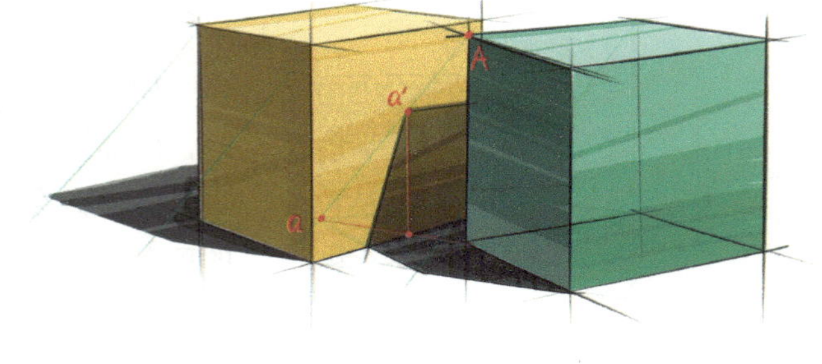


（b）整体效果

**图 3–17　相邻的方体及其投影练习 1**

如图 3–18 所示，右侧方体的投影投射在左侧方体的两个面上，并发生了转折变形。此类投影需要在左侧方体的顶面高度和底面高度上分别绘制出右侧方体的投影轮廓，之后找到两个投影轮廓与转折面的 3 个交点，最后将交点连接即可。绘制过程详见视频 3–7。

**视频 3–7**

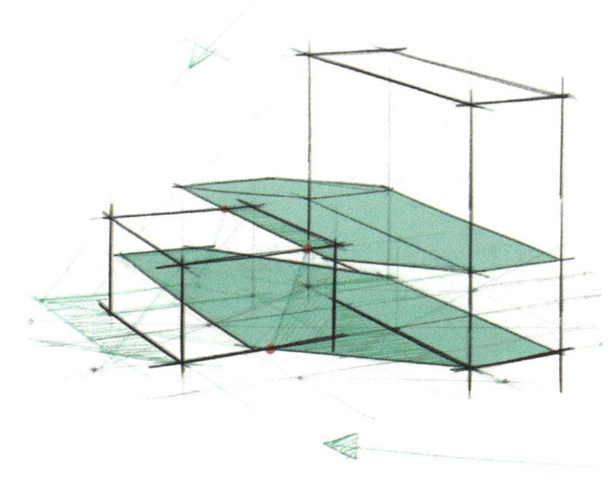

（a）相邻方体投影的确定方法

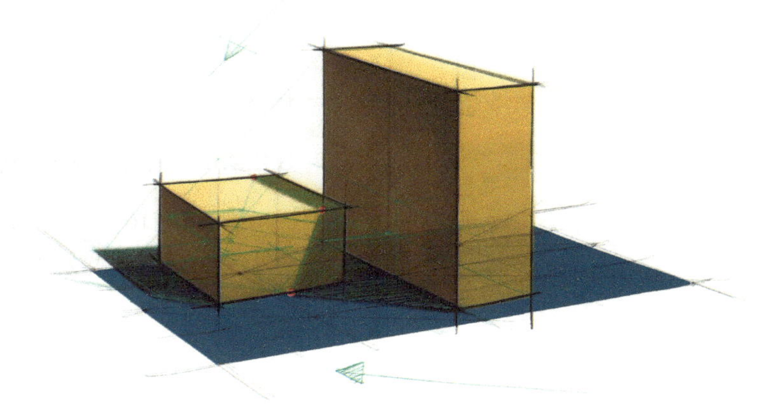

（b）整体效果

**图 3–18　相邻方体及其投影练习 2**

## 3.2.2.4　垂面上的方体及其投影

如图 3–19 所示，4 个方体紧贴同一垂面，其投影有一部分在地面上，另一部分在垂面上。

**图 3–19　垂面上的方体**

视频 3-8

绘制此类投影时，可先将方体在地面上的整体投影轮廓绘制完整，之后找到投影轮廓与垂面基线的交点，最后将交点与上方的投影出发点连接即可（图 3-20）。绘制过程详见视频 3-8。

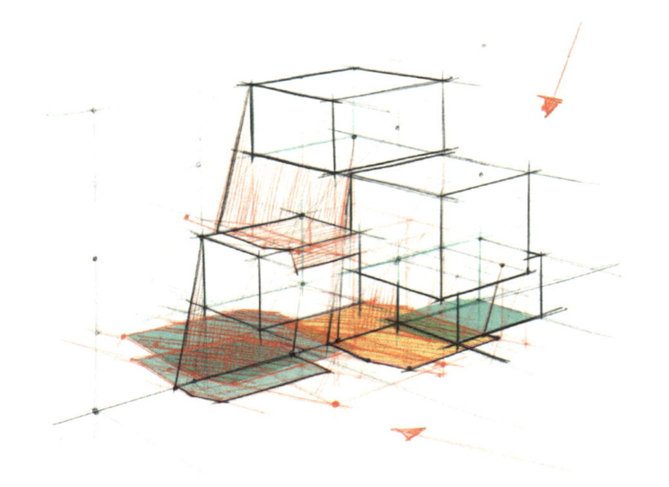

（a）垂面上方体投影的确定方法

（b）整体效果

**图 3-20　垂面上的方体及其投影**

## 3.2.3　方体的细分与变形

如上所述，现实中的许多家具产品都可以视作方体的变形，或将方体的多余部分切割去除，或将方体的某一局部进行挤出，或将方体的边缘进行倒角或切角处理。而对以上变形处理的关键在于能够准确地用线条将需要变形区域进行精准细分。

### 3.2.3.1　方体的等分

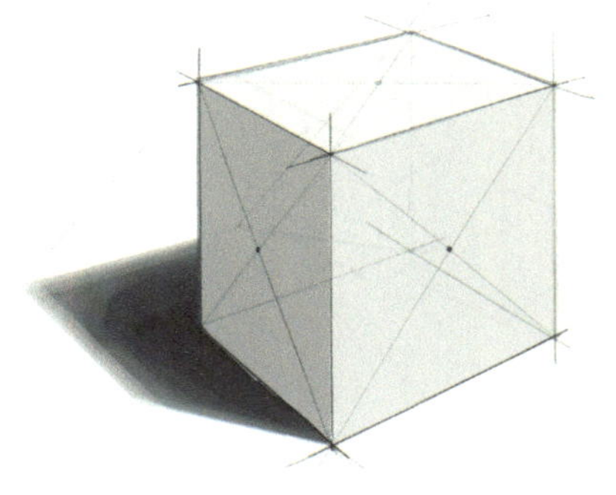

（a）确定每个面的中心点

如图 3-21 所示，利用连接对角线的方式找到正方体每个面的中心点，之后以中心点为依据，对正方体的 3 个面进行 4 等分。之后继续按照以上方法对方体进行 16 等分、64 等分。绘制过程详见视频 3-9。

视频 3-9

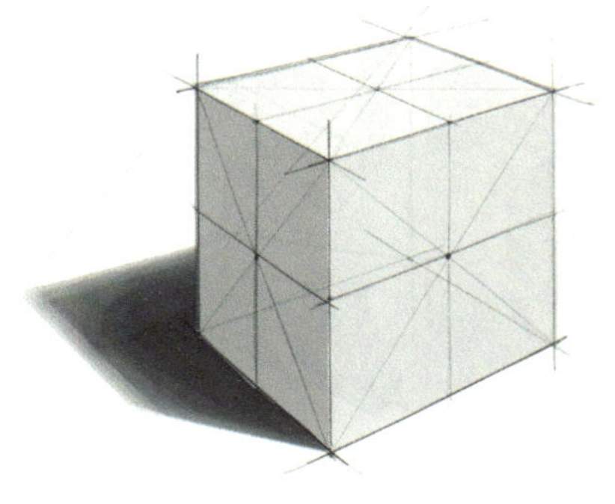

（b）绘制中心线，将方体 4 等分

（c）方体的 16 等分

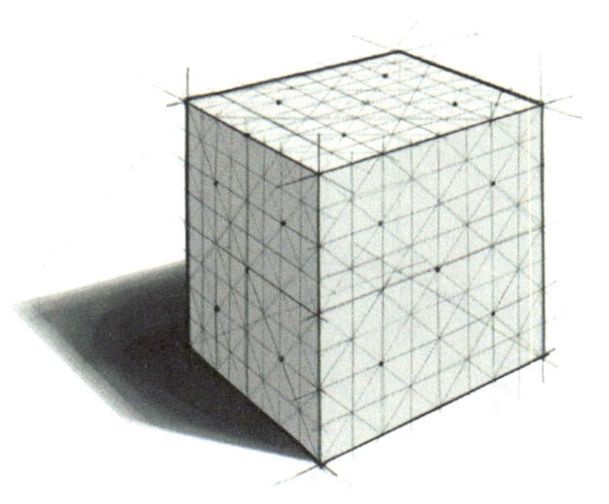

（d）方体的 64 等分

**图 3-21　方体的细分**

### 3.2.3.2 方体的切割

视频 3-10

如图 3-22 所示，先对方体进行 16 等分，之后选取部分区域进行切割处理。绘制过程详见视频 3-10。

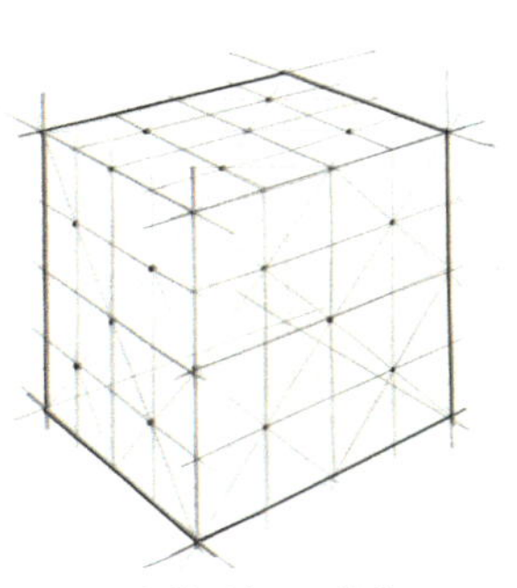

（a）对方体进行 16 等分

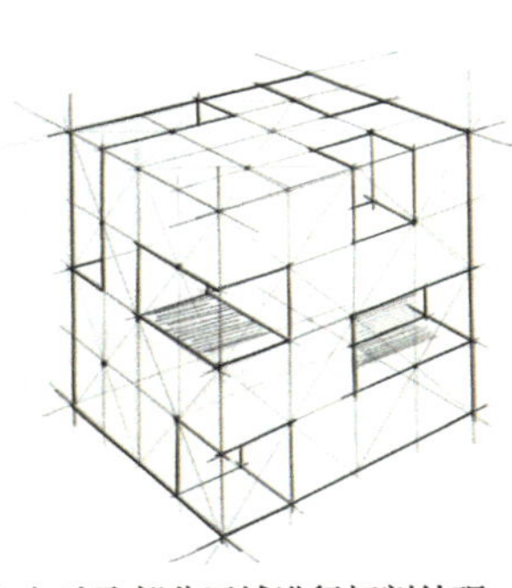

（b）选取部分区域进行切割处理

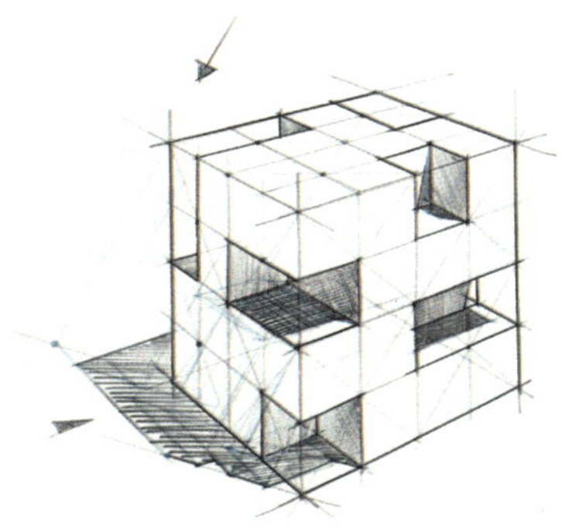

（c）绘制投影

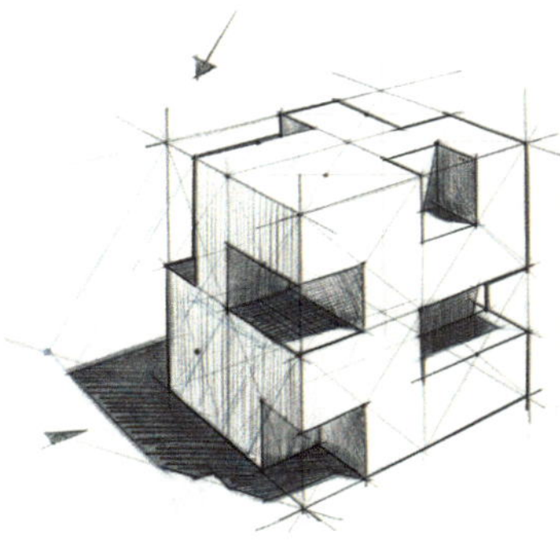

（d）加深暗面与投影

图 3-22 方体的切割

### 3.2.3.3 方体的切割与挤出

视频 3-11

如图 3-23 所示，先对方体进行 64 等分，之后选取部分区域进行切割或挤出处理。绘制过程详见视频 3-11。

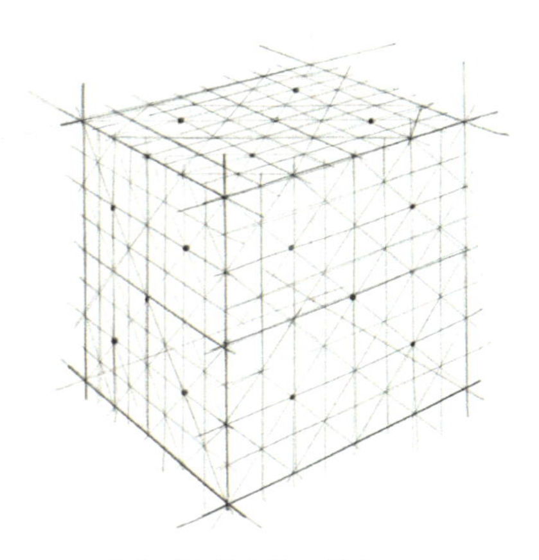

（a）对方体进行 64 等分

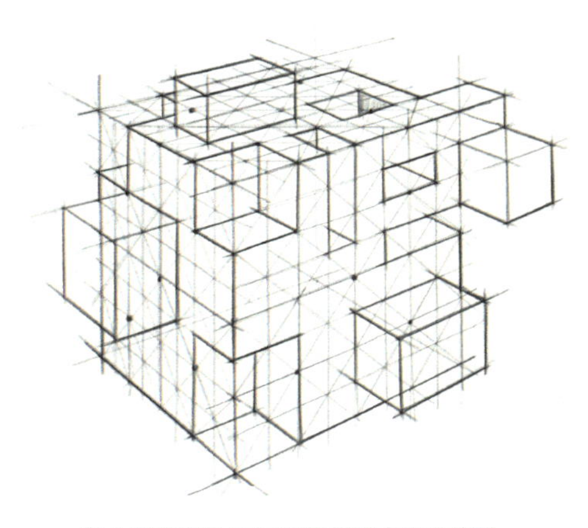

（b）选取部分区域进行切割或挤出处理

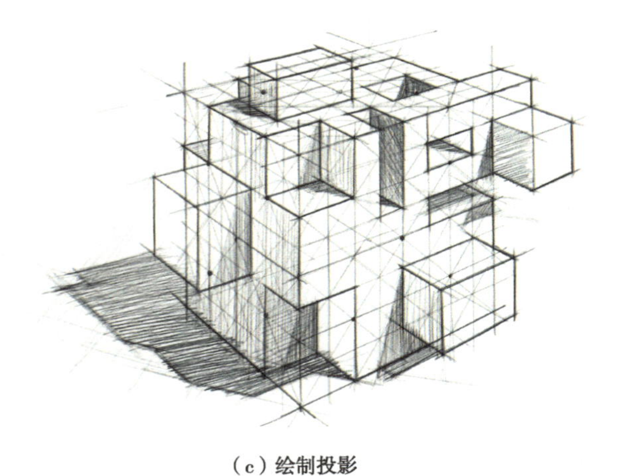

（c）绘制投影

（d）上色

图 3-23 方体的切割与挤出 1

视频 3–12

视频 3–13

同类型的练习如图 3–24、图 3–25 所示，绘制过程详见视频 3–12 和视频 3–13。

（a）对方体进行细分

（b）选取部分区域进行切割或挤出处理

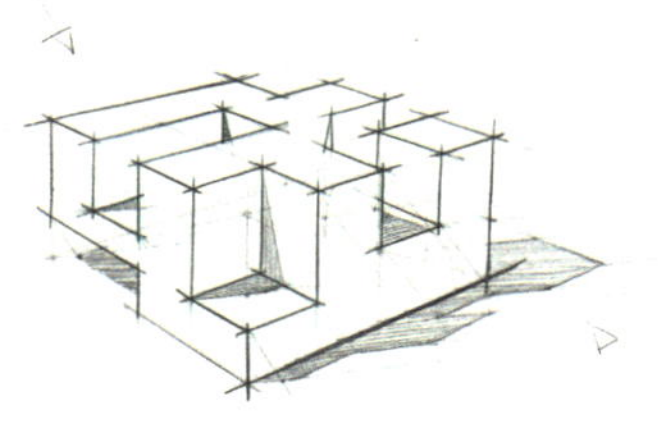
（c）绘制投影

（d）上色

图 3–24　方体的切割与挤出 2

（a）对方体进行细分

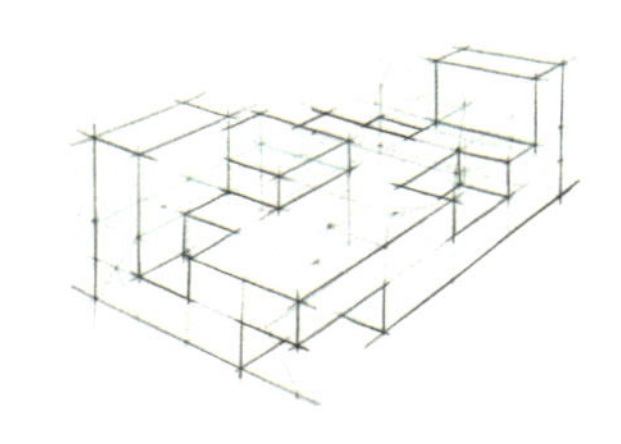
（b）选取部分区域进行切割或挤出处理

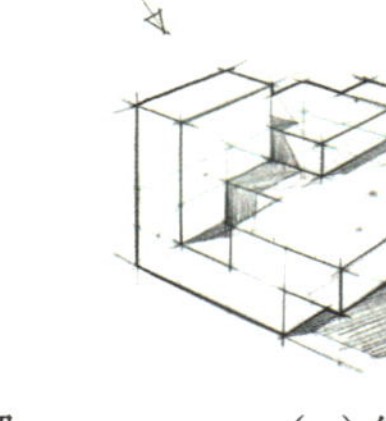
（c）绘制投影

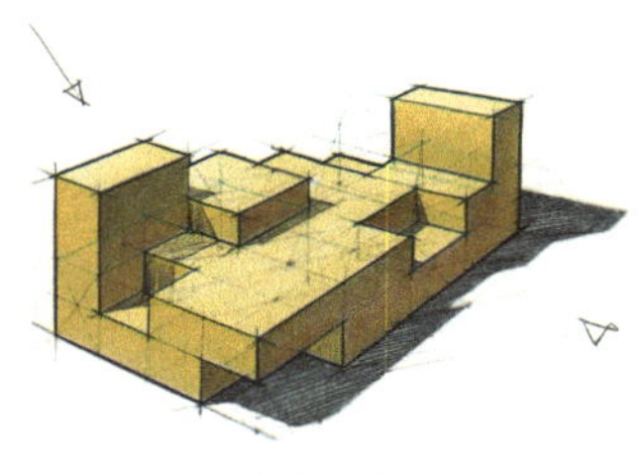
（d）上色

图 3–25　方体的切割与挤出 3

### 3.2.4　方体的倒角

现实中的许多家具产品并非一个绝对的直角方体，为了避免磕碰给人带来的安全隐患，或者为了增添家具圆润柔和的美感，通常都会将边缘作圆角或切角处理，如图 3–26 所示。

图 3–26　圆润的沙发使人感觉柔和、安全

#### 3.2.4.1　切角方体与圆角方体

视频 3–14

绘制切角方体和圆角方体的关键在于将方体的边线一分为二。如图 3–27 所示，先在方体的每条边附近等距绘制两条线，这样一来，每个角点附近就交会出 3 个点。将 3 个交点用直线连接，就得到 1 个切角方体；将 3 个交点用圆弧连接，就得到 1 个圆角方体。绘制过程详见视频 3–14。

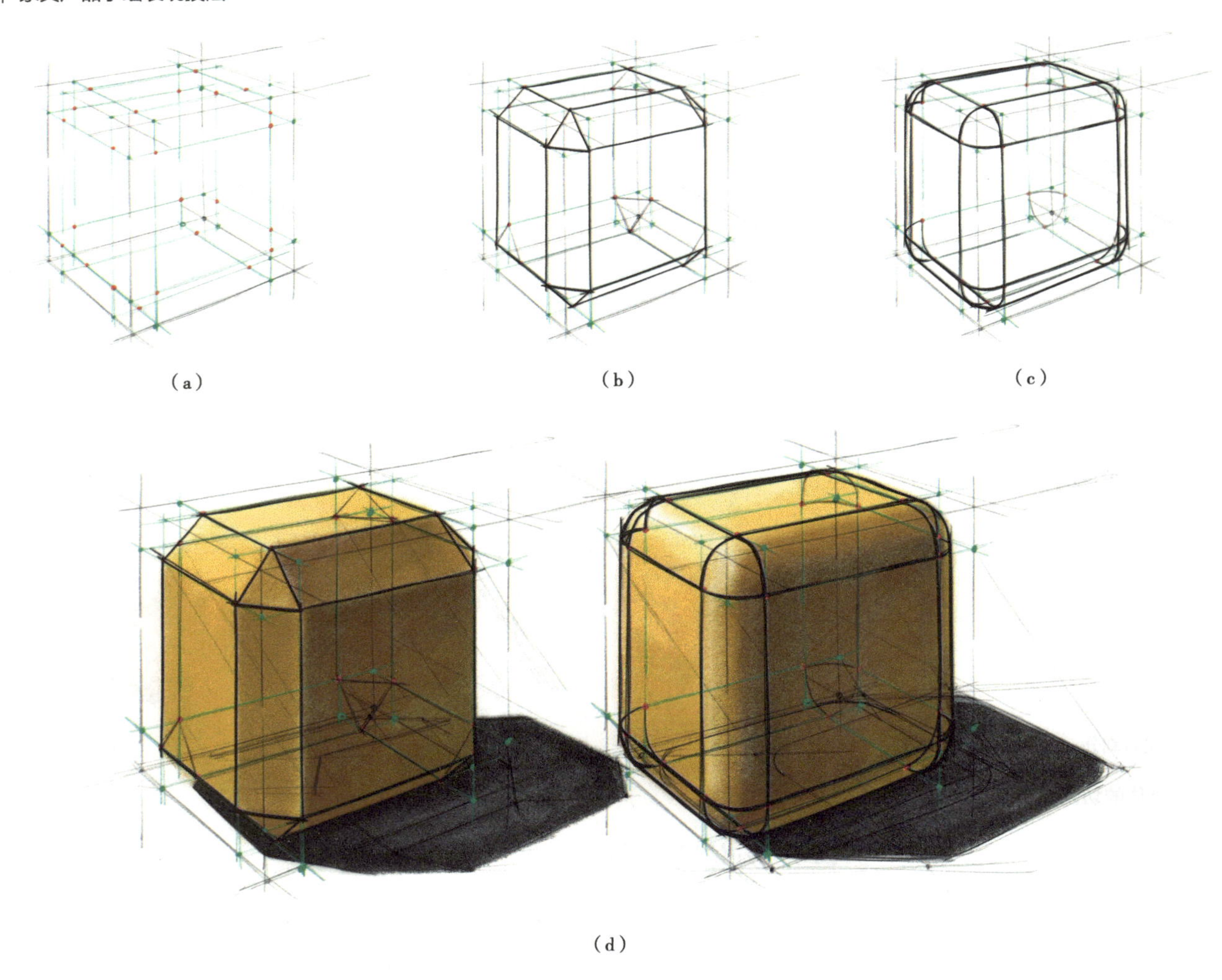


图 3-27 切角方体与圆角方体的绘制过程

### 3.2.4.2 平面圆角方体

视频 3-15

平面圆角方体的绘制步骤如图 3-28 所示。第一，将方体的 6 个面进行等比例缩小；第二，将缩小的 6 个面进行圆角处理；第三，用圆角线将 6 个面进行连接，得到圆角方体的主体框架；第四，强化轮廓、绘制投影；第五，绘制色彩。绘制过程详见视频 3-15。

### 3.2.4.3 鼓面圆角方体

视频 3-16

鼓面圆角方体的绘制步骤如图 3-29 所示，第一，先对方体进行 4 等分；第二，以每个面的中心线为依据绘制出 3 个不同方向的圆角剖面轮廓，每两个圆角以弧线连接；第三，找到每两个面之间的转折线；第四，绘制顶面、侧面与正面的形状；第五，强化轮廓，绘制投影与色彩。绘制过程详见视频 3-16。

### 3.2.4.4 圆角方体练习

视频 3-17

如图 3-30 所示，第一，绘制一个方体，并按照比例进行细分和挤出；第二，将所有转折处用弧线进行圆角处理；第三，强化轮廓线和结构线，绘制投影；第四，绘制色彩。绘制过程详见视频 3-17。

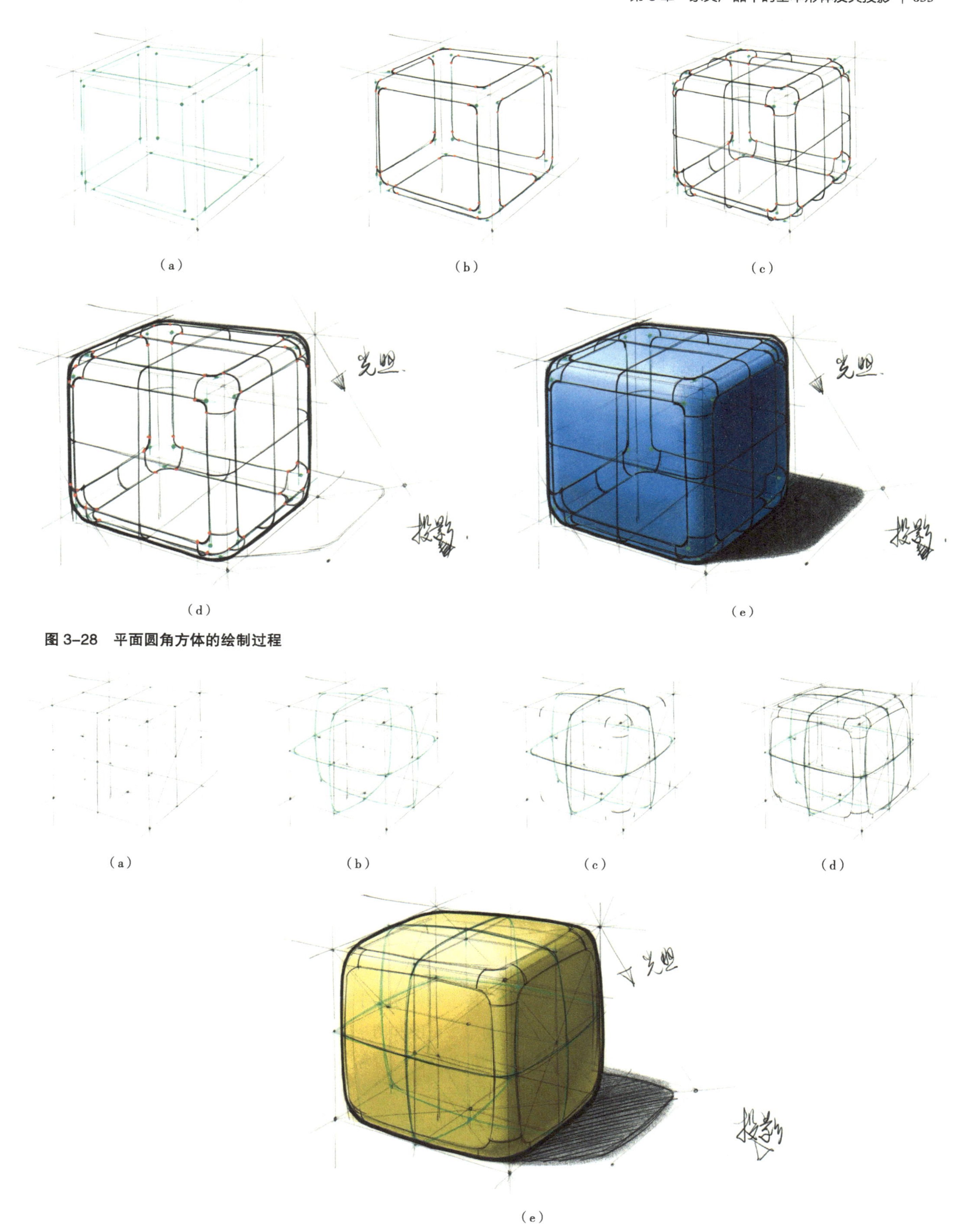


**图 3-28　平面圆角方体的绘制过程**



**图 3-29　鼓面圆角方体的绘制过程**

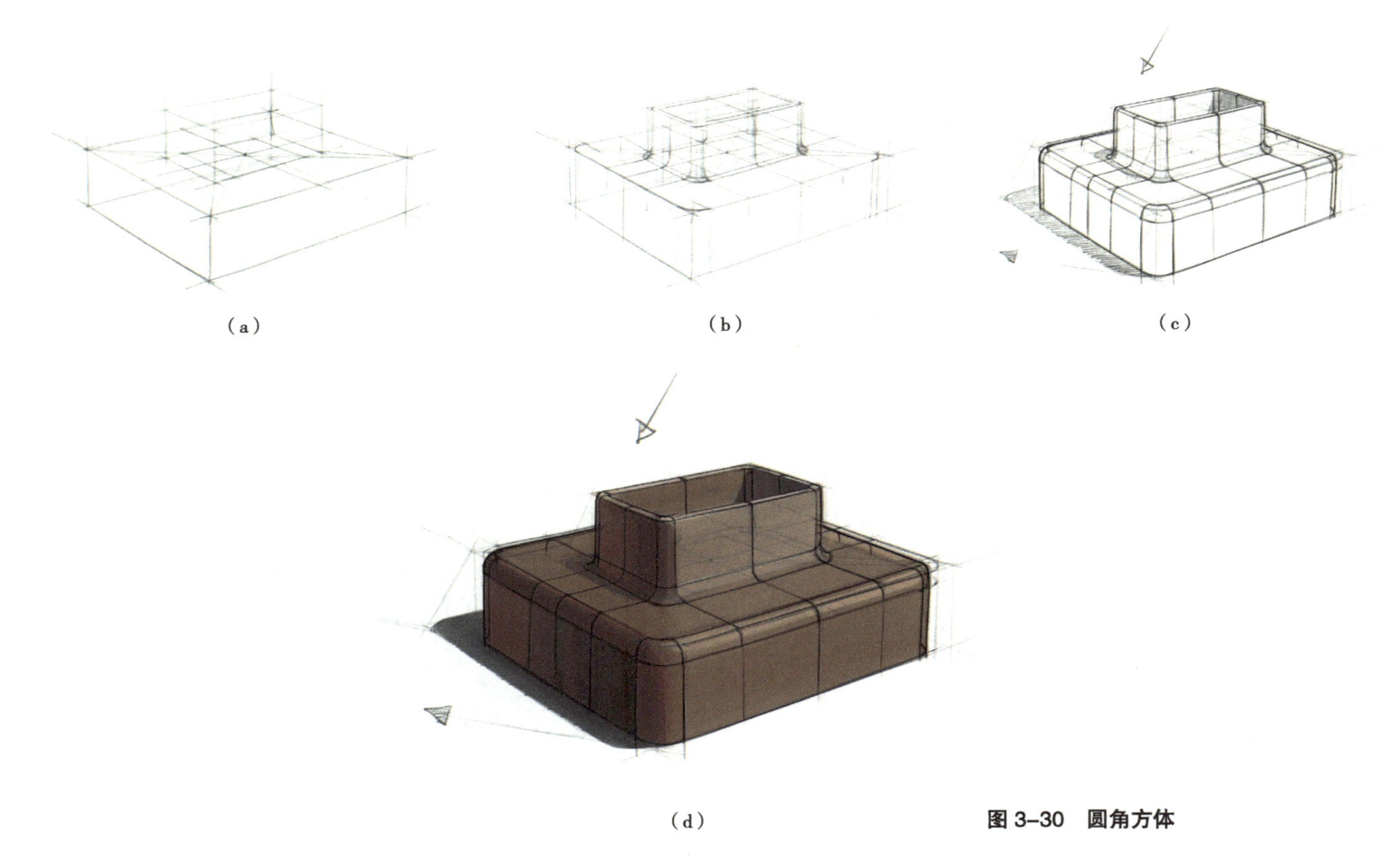

（a） （b） （c）

（d）

图 3-30 圆角方体

## 3.2.5 方体类家具产品

### 3.2.5.1 圆角方体沙发

图 3-31 所示沙发由 4 个大小和位置不同的鼓面圆角方体组成，但万变不离其宗，只要熟练掌握了鼓面圆角方体的绘制方法，便可以快速地将沙发绘制出来。其绘制步骤如下：第一，先绘制出一个方体，并根据透视关系和比例关系细分出沙发扶手、座面和靠背的雏形；第二，根据鼓面圆角方体的绘制方法对沙发的左侧扶手进行圆角处理；第三，对其他方体进行圆角处理，并绘制沙发的投影轮廓；第四，绘制色彩。绘制过程详见视频 3-18。

视频 3-18

### 3.2.5.2 实木花几

图 3-32 所示实木花几是由一个方体切割而成，其绘制关键在于找准方体切割的位置。花几的绘制步骤如下：第一，通过主视图和俯视图确定花几的比例关系，并用横线在主视图中对花几形体的转折位置和装饰构件位置进行标注；第二，根据花几的比例关系绘制一个方体，并在其转折位置和装饰构件位置用横线标注；第三，绘制出花几的基本形体；第四，用以上方法绘制另一角度的花几；第五，绘制投影和色彩。绘制过程详见视频 3-19。

视频 3-19

图 3-31　圆角方体沙发的绘制过程

图 3-32　实木花几的绘制过程

### 3.2.5.3 八边形座椅

八边形座椅其实也是由方体演化而来，尤其是它下方的坐垫，可视为由方体切角而成。其绘制步骤如图 3–33 所示：第一，通过主视图和俯视图确定座椅的比例关系；第二，根据座椅的比例关系绘制一个上小下大的梯形方体，用红点标注其转折位置，并用较轻的线连接；第三，用较重的线强化其轮廓和结构；第四，用以上方法绘制另一角度的座椅；第五，绘制投影和色彩。绘制过程详见视频 3–20。

视频 3–20

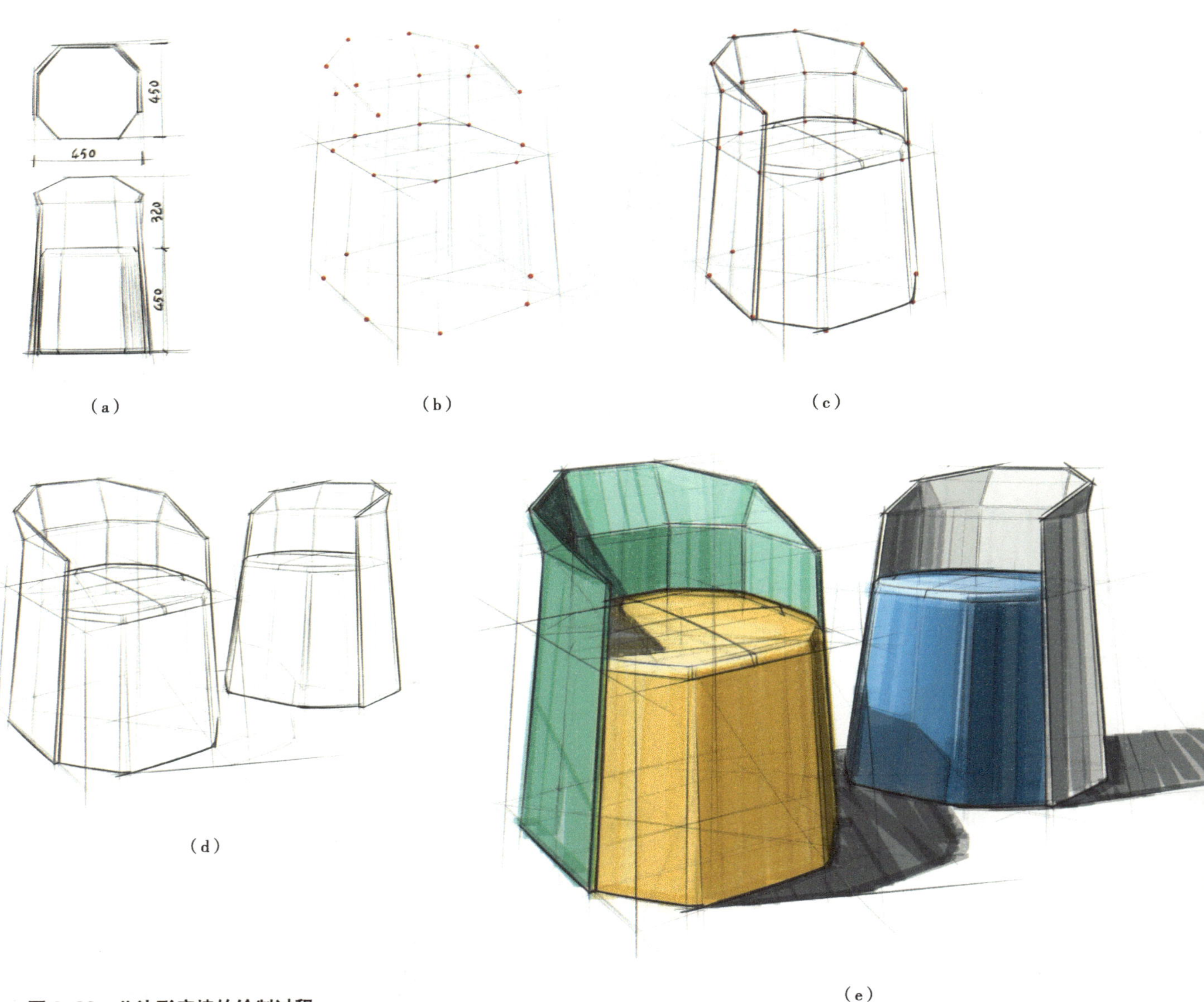


图 3–33 八边形座椅的绘制过程

## 3.3 圆柱体及其投影

在众多家具产品中，还有一些家具产品是以圆柱体为基本型演化而成（图 3–34）。因此对圆柱体及其变体的手绘训练必不可少。

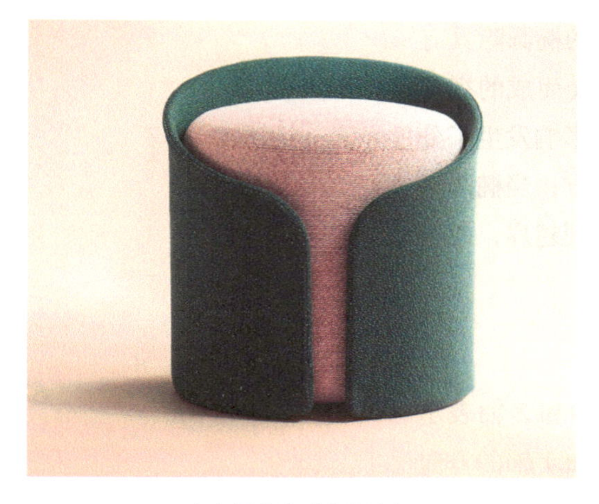

（a）圆柱体形态的沙发

（b）圆柱体形态的茶几

**图 3–34　圆柱体形态的家具产品**

## 3.3.1　圆与椭圆

圆柱体的截面其实是一个正圆，但无论这个正圆是水平放置还是垂直放置，只要它与人的视线形成一定的角度，原本的正圆都会受透视的影响而呈现出椭圆的视觉效果（图 3–35）。

（a）垂直放置的圆柱体

（b）水平放置的圆柱体

**图 3–35　圆柱体**

### 3.3.1.1　椭圆的长轴、短轴和中心点

正圆的直径全部相同，因此不存在长轴和短轴之分；椭圆的长轴是指椭圆的最长直径，短轴则是指椭圆的最短直径。无论椭圆的方向如何变化，两者始终保持垂直关系，并将椭圆 4 等分。如图 3–36 所示。

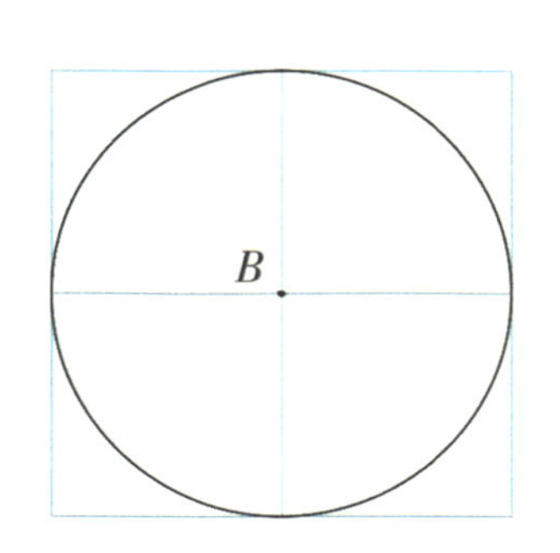


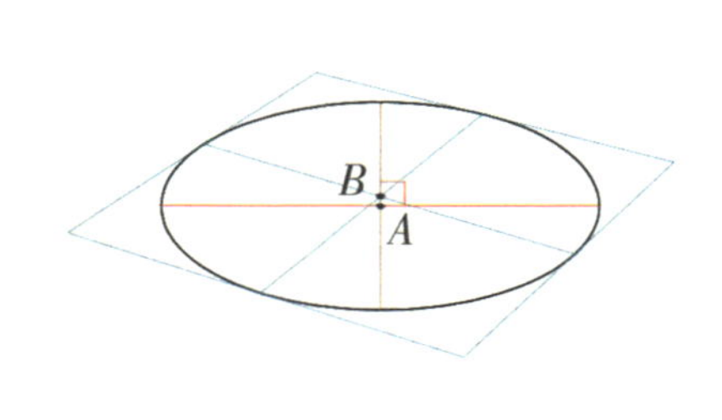


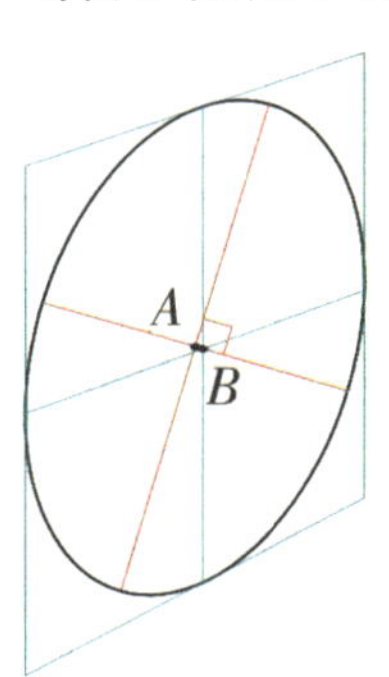


**图 3–36　椭圆的长轴、短轴和中心点**

正圆只有一个中心点，即圆心 $B$。而正圆因透视形成的椭圆除具有圆心这个实际中心点（$B$）外，还有一个由长轴和短轴交会而成的视觉中心点（$A$）。这两个点原本在正圆上是重合的，但受透视影响发生了分离。当椭圆呈水平状态时，视觉中心点在实际中心点的下方；当椭圆呈倾斜或垂直状态时，视觉中心点在实际中心点的后方。椭圆越扁，两个点的距离越近，反之则越远。

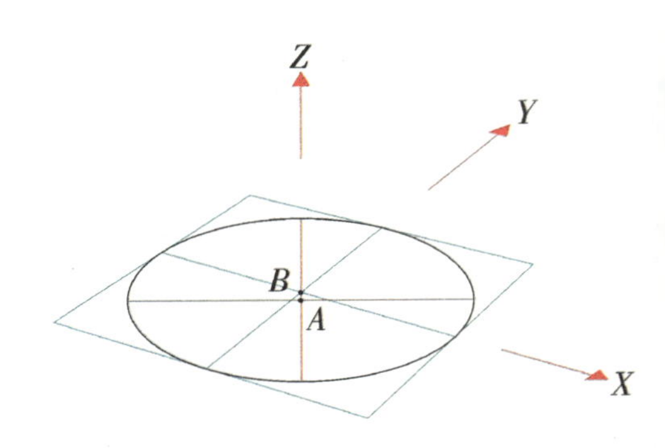


图 3–37　椭圆的方向

### 3.3.1.2　椭圆的方向

透视椭圆在空间中有 3 个方向，可分别用 $X$ 轴、$Y$ 轴和 $Z$ 轴表示（图 3–37）。$Z$ 轴方向与短轴方向一致，最容易确定；$X$ 轴和 $Y$ 轴的方向则受透视影响而发生变化，其确定方法如下。

第一，先画出一个椭圆，其长短轴交会于椭圆的视觉中心点 $A$；以视觉中心点 $A$ 为基准，沿短轴往上标示出椭圆的实际中心点 $B$。第二，从任意角度画一条线，使其经过圆的实际中心点 $B$，并与椭圆边缘交汇于点 $C$ 和点 $D$，线段 $CD$ 可作为椭圆的 $X$ 轴方向。第三，以线段 $CD$ 为基准，根据透视规律在椭圆的左右两侧分别画出与线段 $CD$ 平行（在现实中平行，在画面上有微小的夹角），且与椭圆相切的线段，切点为点 $E$ 和点 $F$。第四，连接点 $E$ 和点 $F$，线段 $EF$ 便是椭圆的 $Y$ 轴方向（如果画得比较准确，线段 $EF$ 肯定会穿过点 $B$）。最后，如果以点 $C$ 和点 $D$ 为切点，根据透视规律在椭圆左右两侧画出与线段 $EF$ 平行的两条线段，可以得出一个带有透视的方形，实现了由圆形到方形的转换。如图 3–38 所示。

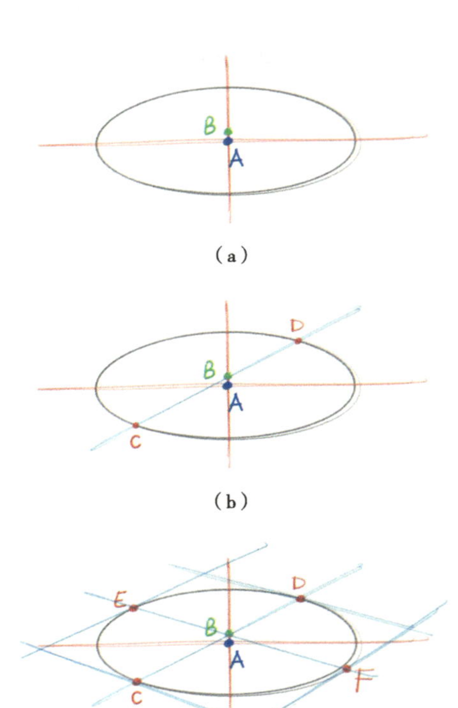


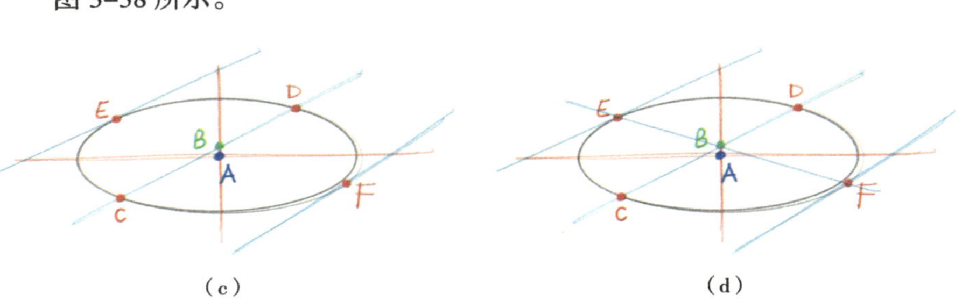


图 3–38　椭圆方向的确定

椭圆方向的确定对于后期绘制不同类型的圆柱体产品是非常重要的，如图 3–39 所示，确定了椭圆 $X$ 轴和 $Y$ 轴方向，圆柱体的切割位置和形状才得以确定下来。

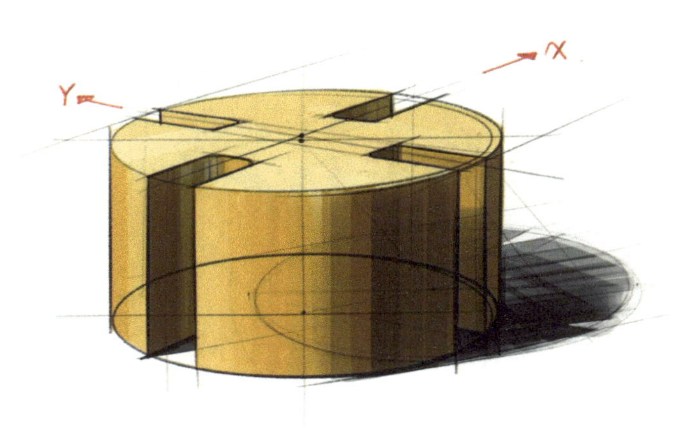


图 3–39　圆柱体的切割

### 3.3.1.3　圆与椭圆的绘制

相对精确的圆与椭圆的绘制方法是八点画圆法，即以正方形 4 条边的中点及其对角线 2/3 处的 4 个点为参照绘制圆或椭圆（图 3–40）。这种方法虽然较为精确，但效率较低，且要让线条平滑、精准地穿过其中的 8 个点，难度较高，反而限制了初

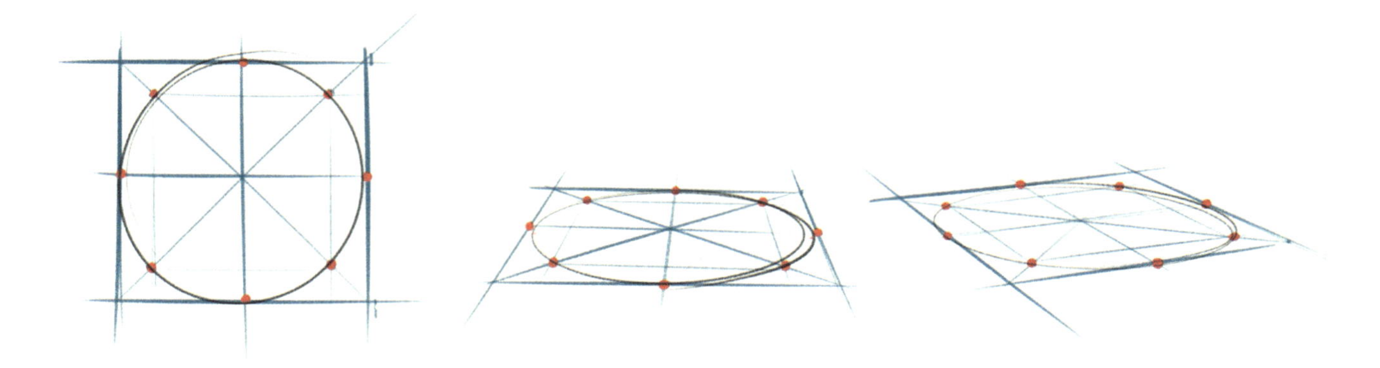

图 3-40　八点画圆法

学者的练习热情。

更适合快速表现的方法是十字画圆法，即利用圆与椭圆的十字轴线为参照进行绘制。如图 3-41（a）所示，先画出相互垂直的两条轴线，用点确定长轴与短轴的尺寸，握笔沿 4 个点试探圆或椭圆的轨迹，之后将笔接触纸面完成绘制。

值得一提的是，想要一笔画出一个精准、平滑的椭圆并不容易，可以尝试连续地勾画椭圆，并在勾画的过程中不断矫正。如果练习得当，在这些椭圆中总会有一个比较合适的椭圆。如图 3-41（b）所示。

在平时的练习中，可先绘制一条或曲或直的轴心线；以轴心线的方向为依据，确定椭圆短轴和长轴的方向；根据透视规律，自行拟定长轴和短轴的尺寸；之后进行不同方向椭圆的练习。如图 3-42 所示。

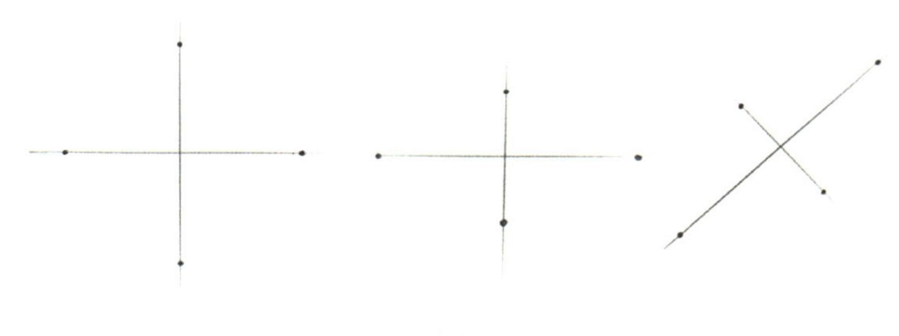

（a）绘制十字轴线

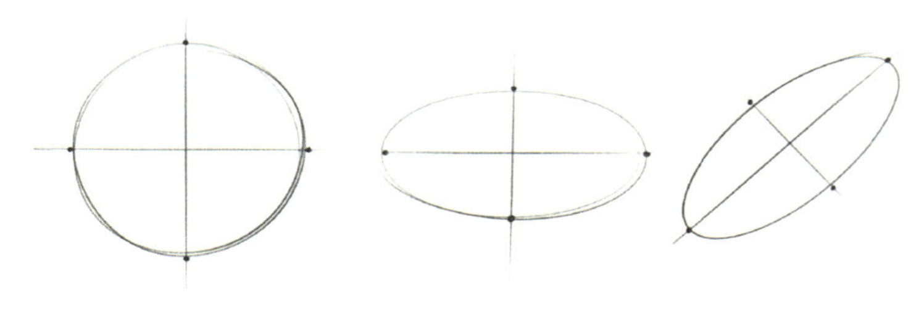

（b）绘制圆或椭圆

图 3-41　圆与椭圆的快速表现

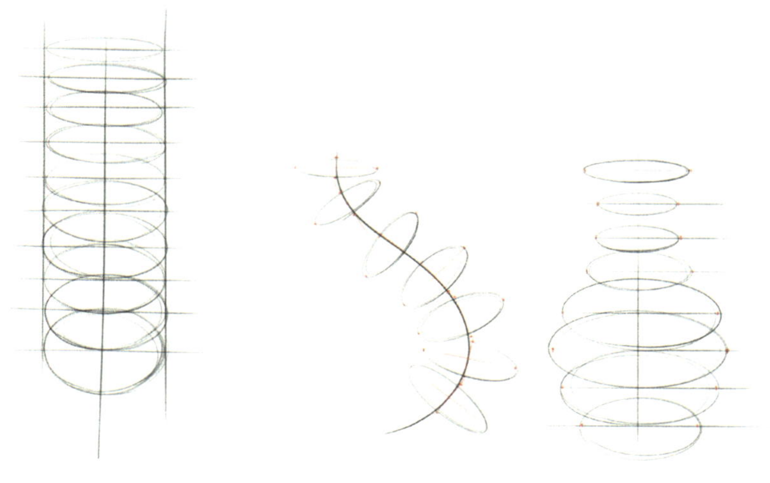

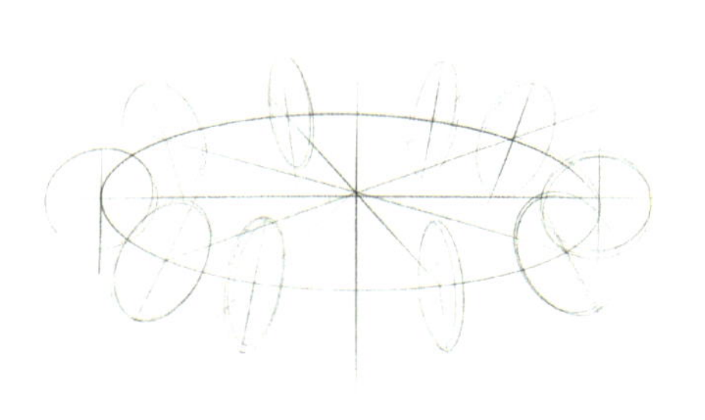

图 3-42　椭圆的快速表现练习

## 3.3.2 垂直圆柱体及其投影

如图 3–43 所示，当圆柱体垂直放置时，其上所有椭圆的长轴均为水平方向，短轴则为垂直方向。受透视影响，圆柱体上方的椭圆要比下方的椭圆扁。圆柱体投影绘制的关键在于确定其顶部椭圆在地面上投影的位置和大小。此外，要表现出圆柱体的明暗关系，关键在于找到其明暗交界线；而确定其明暗交界线的关键在于找到投影方向与底部椭圆的切点，之后沿切点向上作一条垂线，这条垂线就是它的明暗交界线。

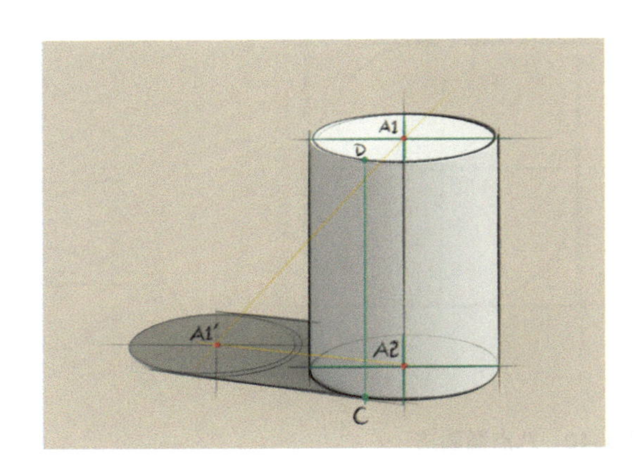


图 3–43 垂直圆柱体及其投影分析

### 3.3.2.1 垂直圆柱体及其投影的绘制

在明确了以上理论分析之后，绘制圆垂直柱体就变得简单了。如图 3–44 所示，第一，通过竖向中轴线和横向长轴确定圆柱体的宽和高；第二，确定上下两个椭圆的短轴（注意两个短轴“上短下长”的比例关系），并根据长短轴画出两个椭圆；第三，根据光照方向和投影方向将顶部圆形的视觉中心点投射在地面上，据此画出地面上的椭圆投影，之后用平行于投影方向的线条连接地面上的两个椭圆，得出圆柱体投影；第四，找到投影边缘与圆柱体底面的切点，据此往上作垂线，得出明暗交界线，并通过排线的方式区分出圆柱体的明暗面；第五，绘制色彩。绘制过程详见视频 3–21。

视频 3–21

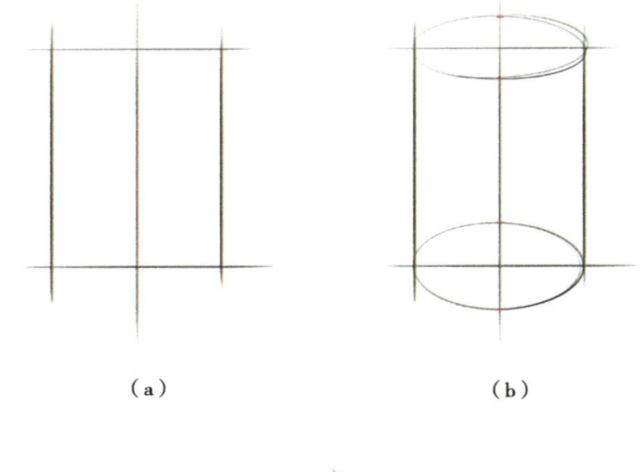

（a）（b）

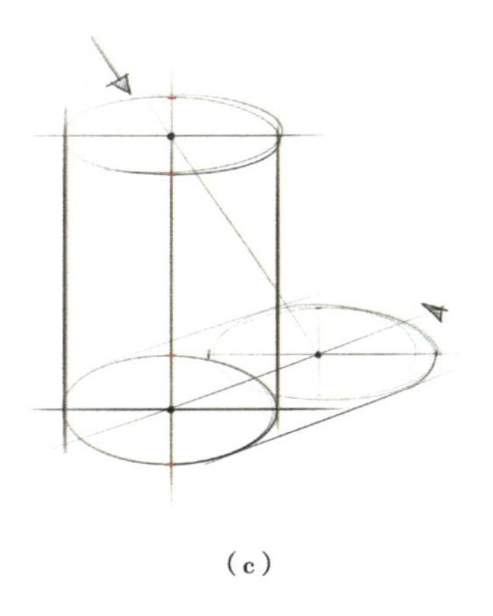

（c）

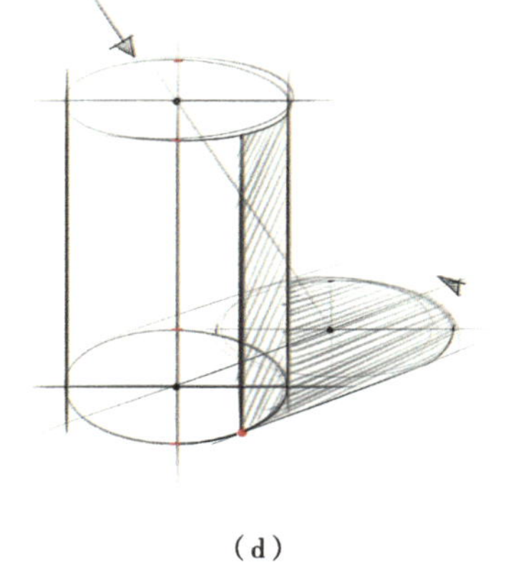

（d）

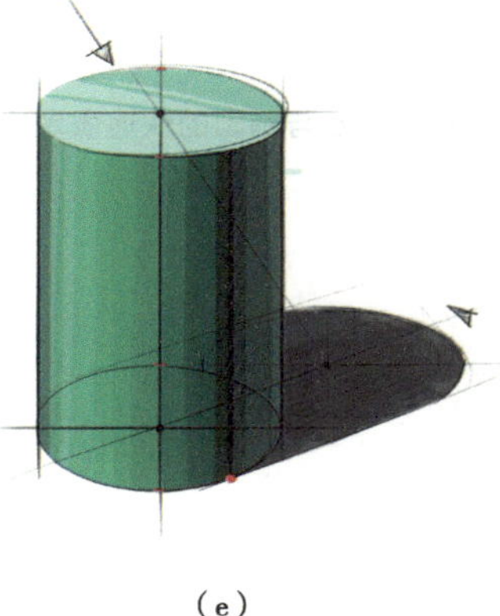

（e）

图 3–44 垂直圆柱体的绘制过程

### 3.3.2.2 类圆柱体及其投影的绘制

图 3–45 所示类圆柱体为圆锥体、圆柱体和梯形体的组合，其总体绘制过程与上述圆柱体的绘制过程是一致的。不同的是，3 个形体的明暗交界线并不是连贯的，而是断开的。因此，如何确定它们明暗交界线的位置是绘制的重点。

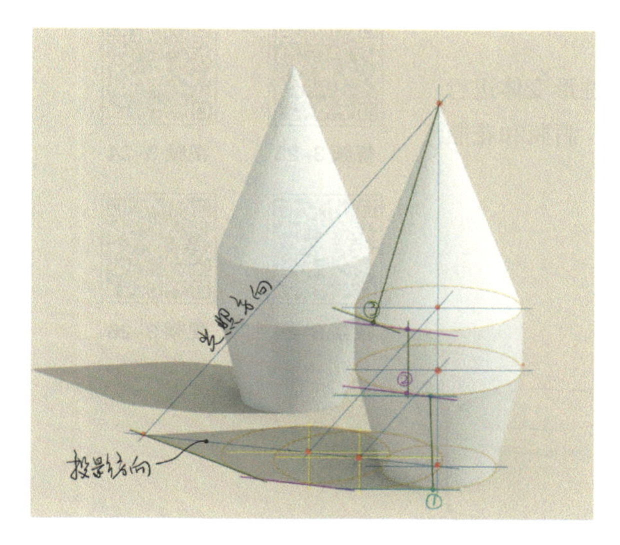

图 3–45　类圆柱体及其投影分析

观察得知，形体的 3 段投影轮廓分别以青、紫、绿三色标示，青色线代表的是底部梯形体边缘的投影方向，紫色线代表的是中部圆柱体边缘的投影方向，绿色线则代表了上部圆锥体边缘的投影方向。分别将以上 3 种方向的线平行并相切于 3 个形体边缘，即可得出它们的明暗交界线（以序号①、②、③表示）。

根据以上理论分析，可快速开展图 3–46 所示类圆柱体的绘制。绘制过程详见视频 3–22。

视频 3–22

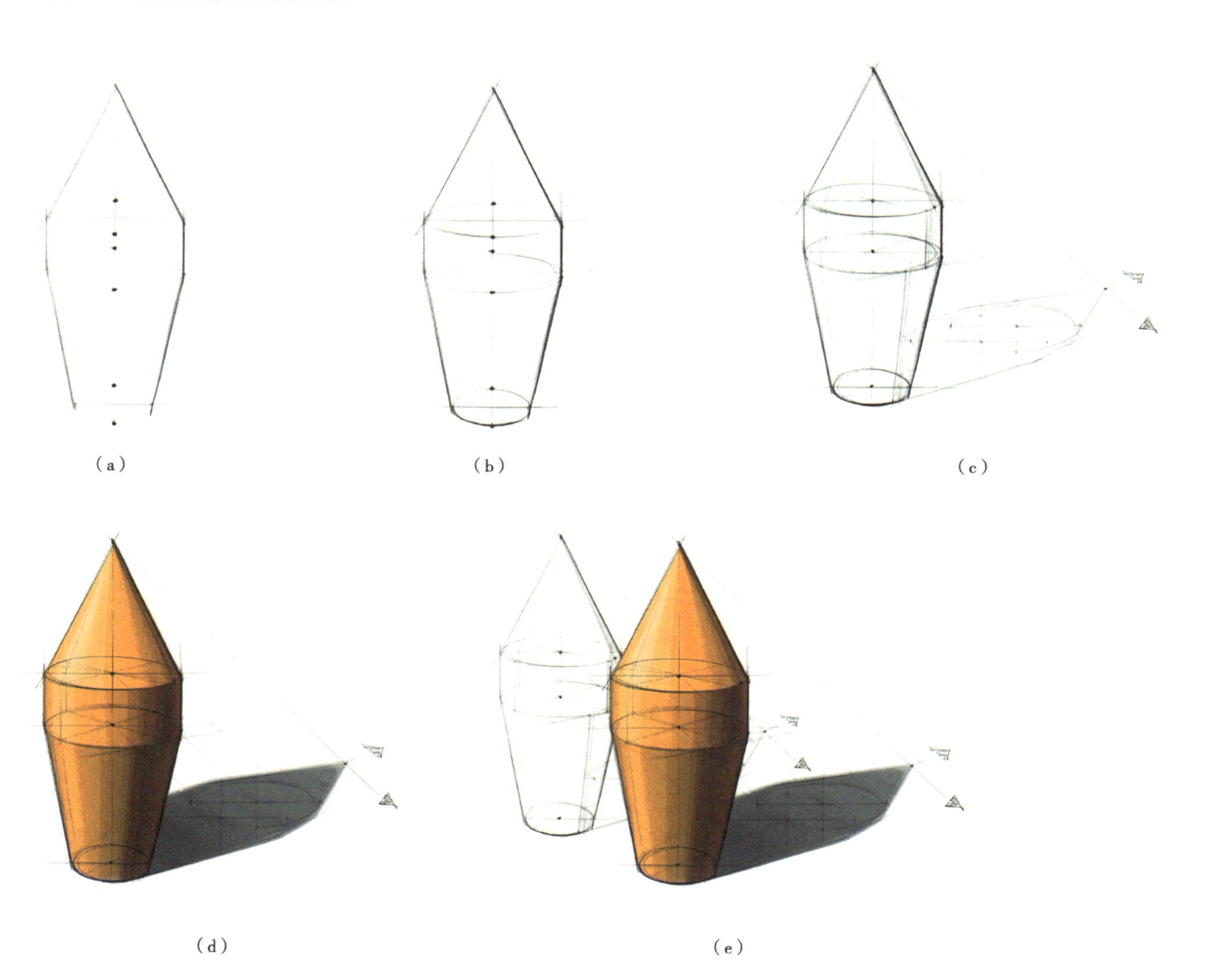


图 3–46　类圆柱体及其投影的绘制过程

### 3.3.2.3 其他类型的圆柱体及其投影练习

根据以上绘制技巧和经验，初学者可对其他类型的圆柱形变体进行绘制。图 3-47~ 图 3-50 所示分别是倒角圆柱体、倒锥体、酒瓶和花瓶的绘制过程，详见视频 3-23~ 视频 3-26。

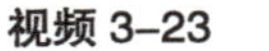

视频 3-23

视频 3-24

视频 3-25

视频 3-26

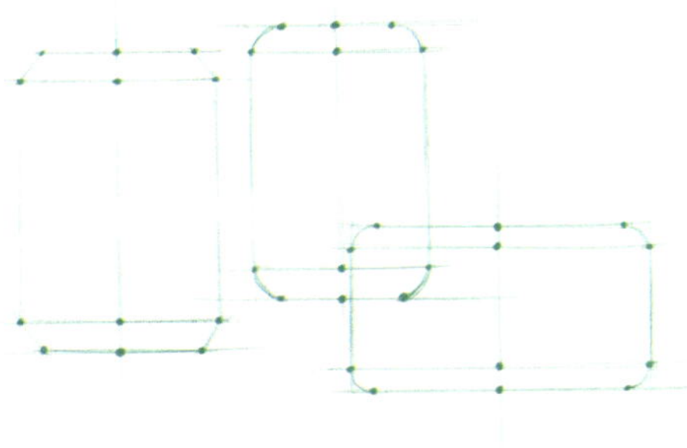

（a）

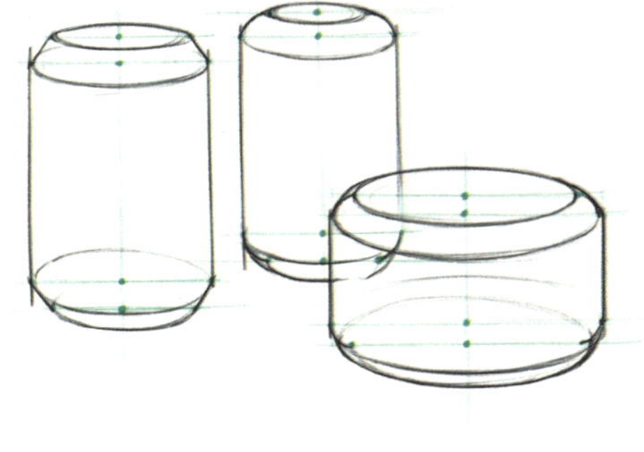

（b）

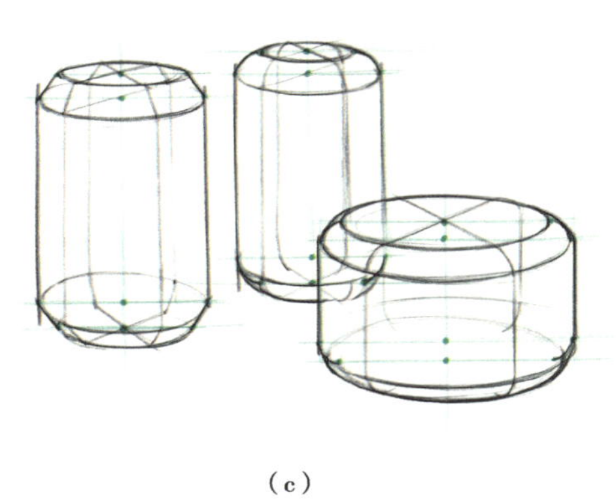

（c）

（d）

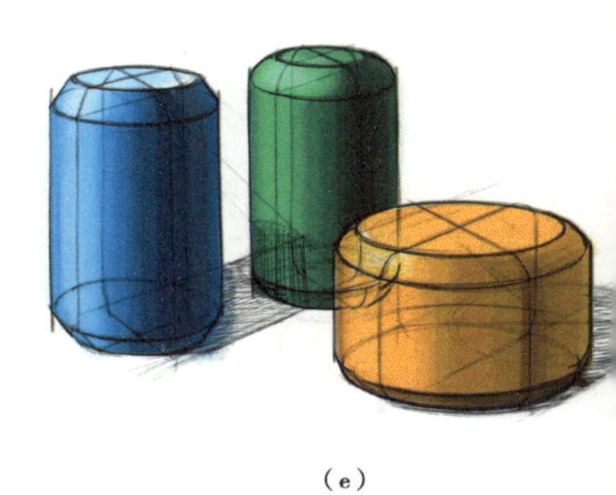

（e）

图 3-47 倒角圆柱体及其投影的绘制过程

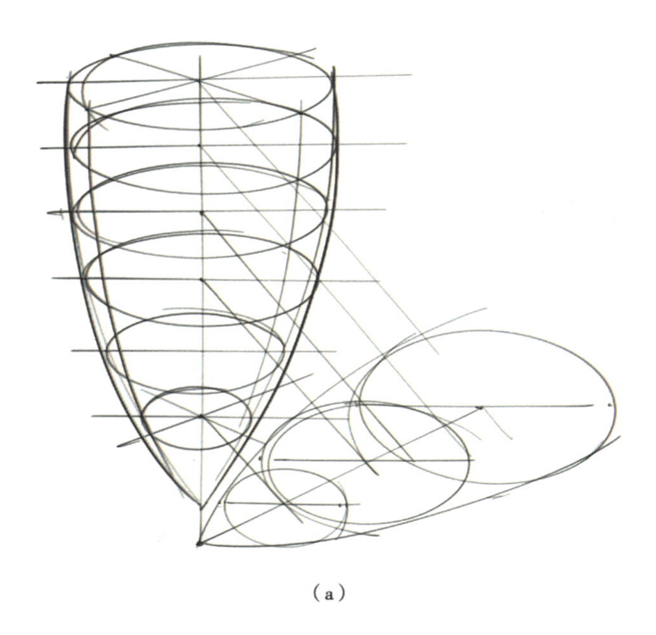

（a）

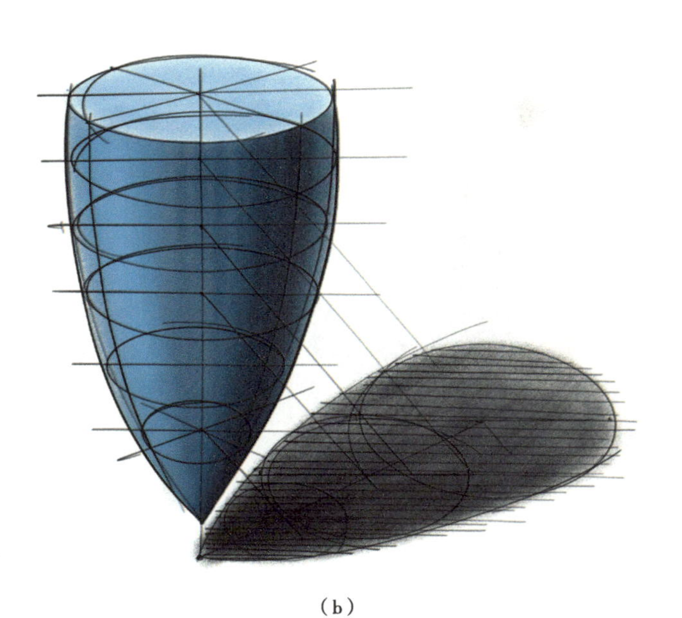

（b）

图 3-48 倒锥体及其投影的绘制过程

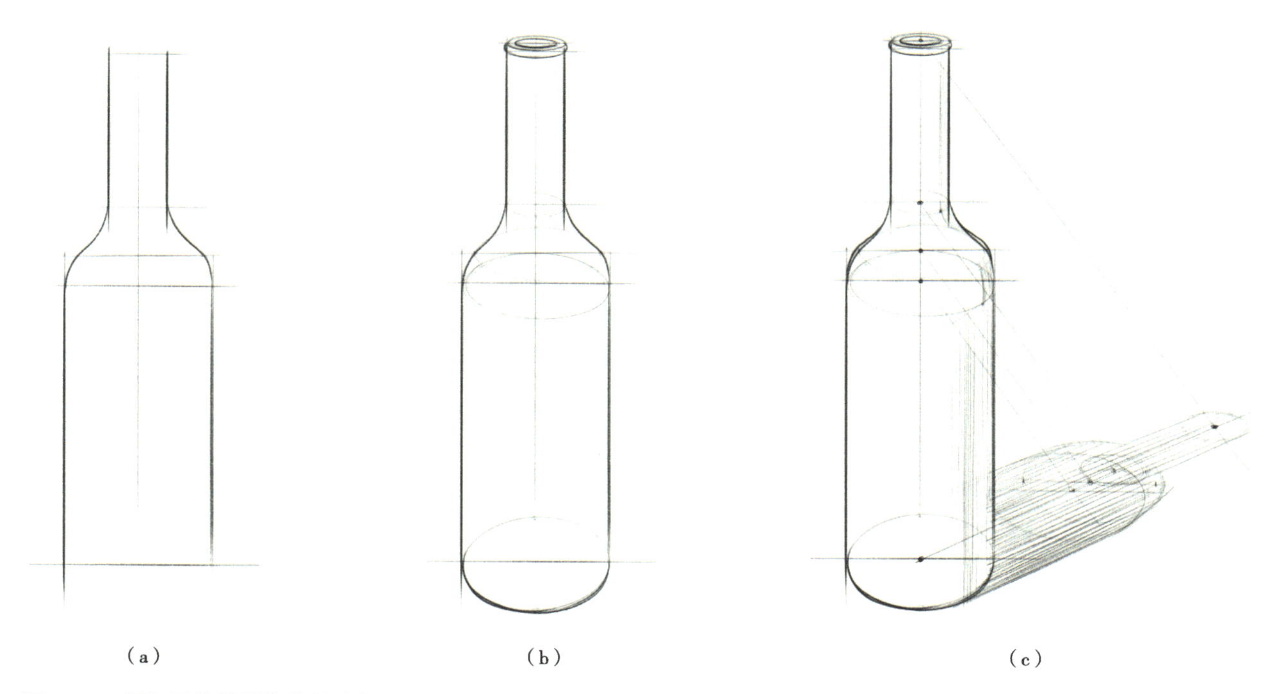


图 3–49　酒瓶及其投影的绘制过程

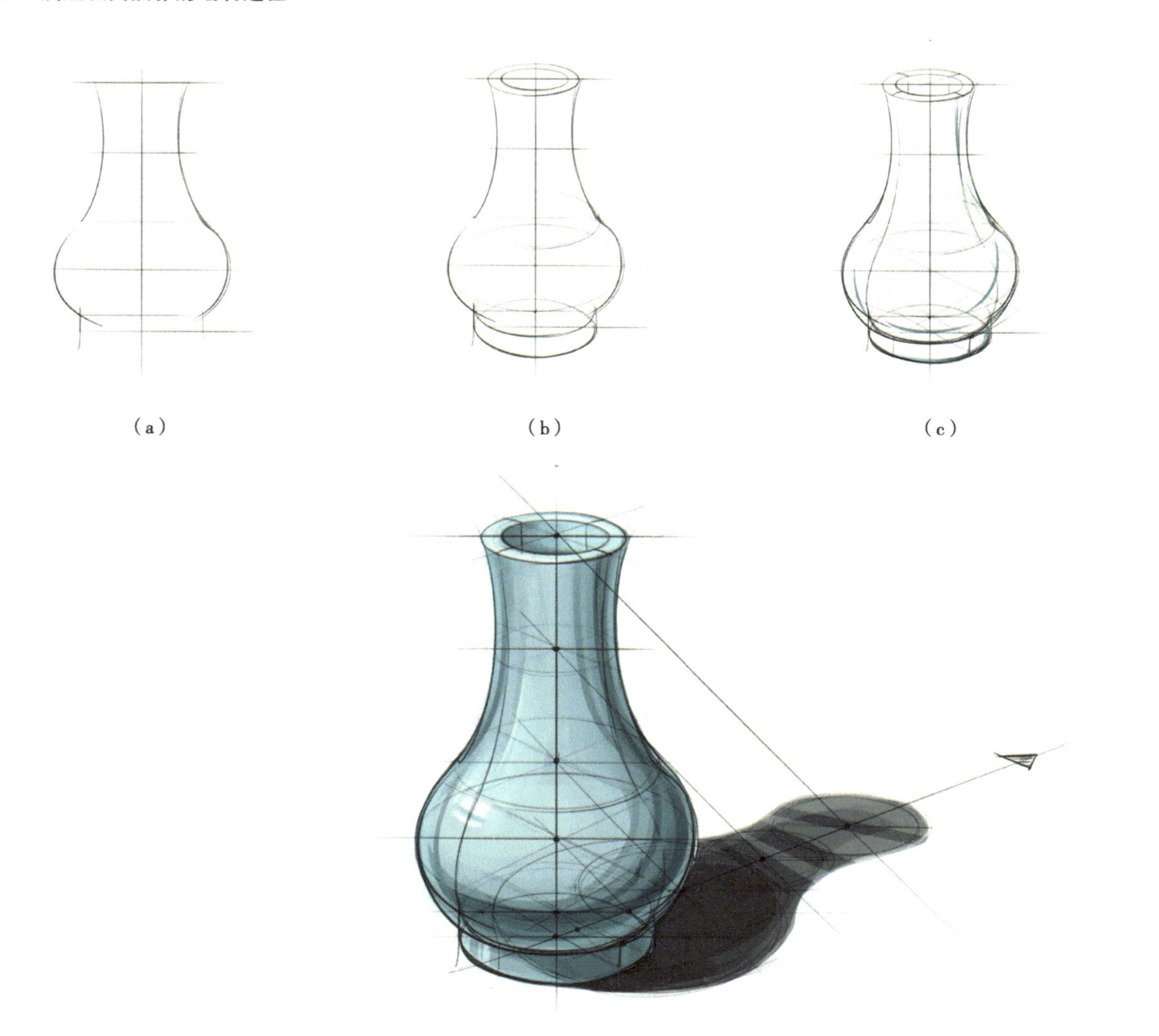


图 3–50　花瓶及其投影的绘制过程

### 3.3.2.4 垂直圆柱体类型的家具产品

（1）座凳

座凳由圆柱形座面和 4 条腿足构成，其绘制关键在于确定椭圆的 $X$ 轴和 $Y$ 轴方向，进而确定 4 条腿足的位置。绘制步骤如图 3–51 所示：第一，绘制一个上宽下窄的圆柱体；第二，用辅助线确定圆柱体 $X$ 轴和 $Y$ 轴的方向，并标示出腿足位置；第三，详细刻画腿足形状；第四，用剖面线完善座面形状，并绘制投影；第五，用同样的方法绘制另一角度的座凳；第六，绘制色彩。绘制过程详见视频 3–27。

视频 3–27

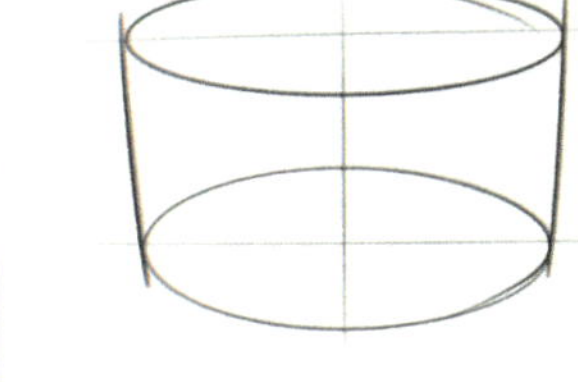

（a）

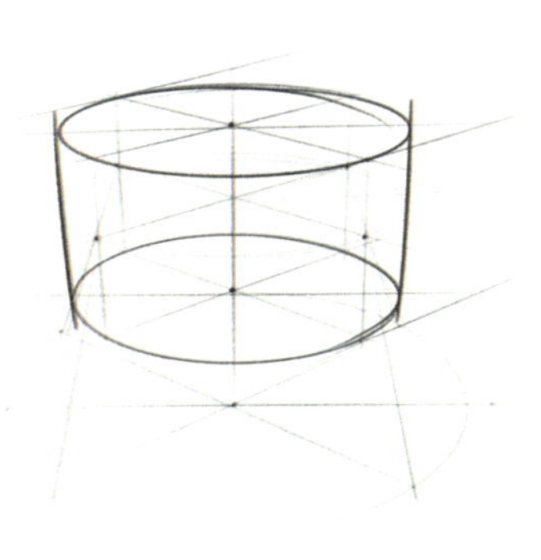

（b）

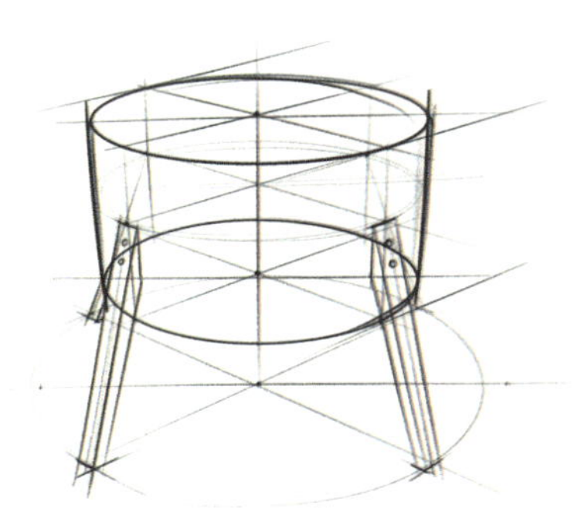

（c）

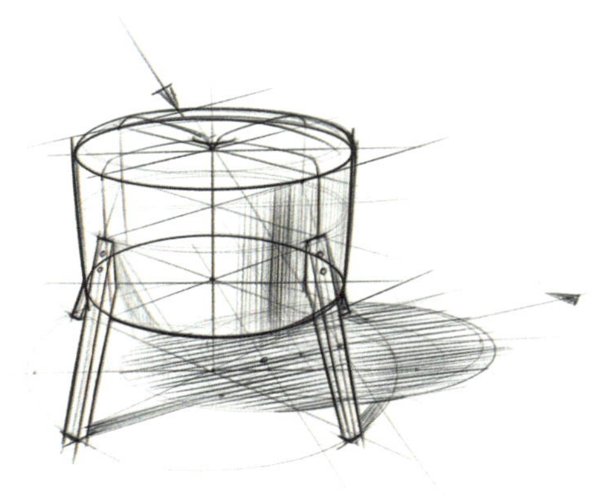

（d）

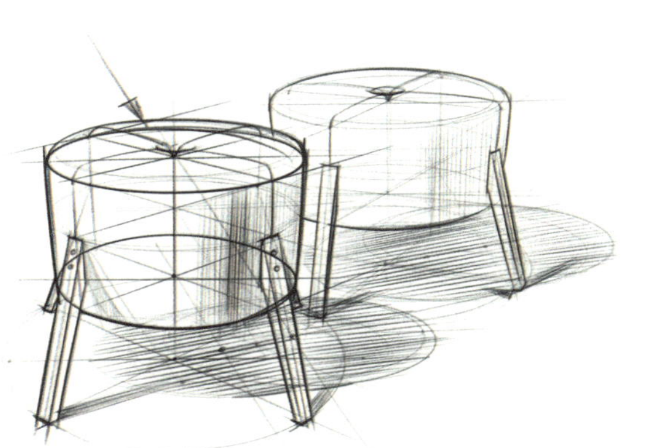

（e）

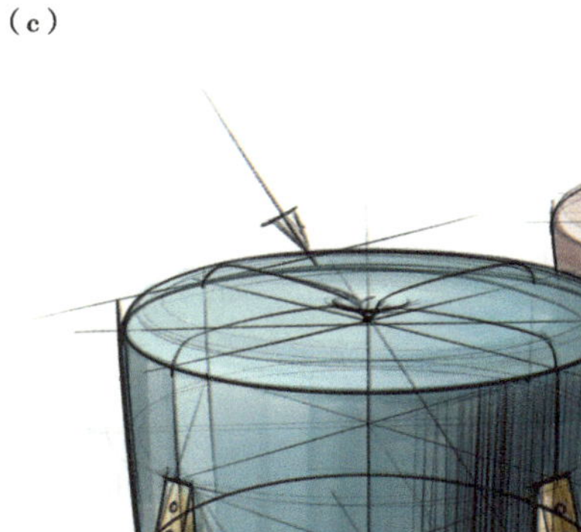

（f）

图 3–51　座凳及其投影的绘制过程

（2）沙发

沙发的绘制难点在于其靠背位置和形状的确定，其绘制步骤如图 3–52 所示：第一，根据设计构想画出单人沙发的三视图，并确定好相应的关键节点；第二，根据三视图，确定沙发底面、座面以及沙发靠背的所在平面高度，之后绘制 3 个椭圆；第三，在各个椭圆上画出 $X$ 轴和 $Y$ 轴方向的线条，确定沙发朝向，并找到与三视图上对应的关键节

视频 3-28

点，推测出沙发靠背的位置和形状；第四，绘制出沙发靠背的厚度；第五，根据光源方向和投影方向确定整体明暗关系和投影；第六，根据光影及明暗关系绘制沙发的色彩（注意亮部高光和暗部反光的控制）。绘制过程详见视频 3-28。

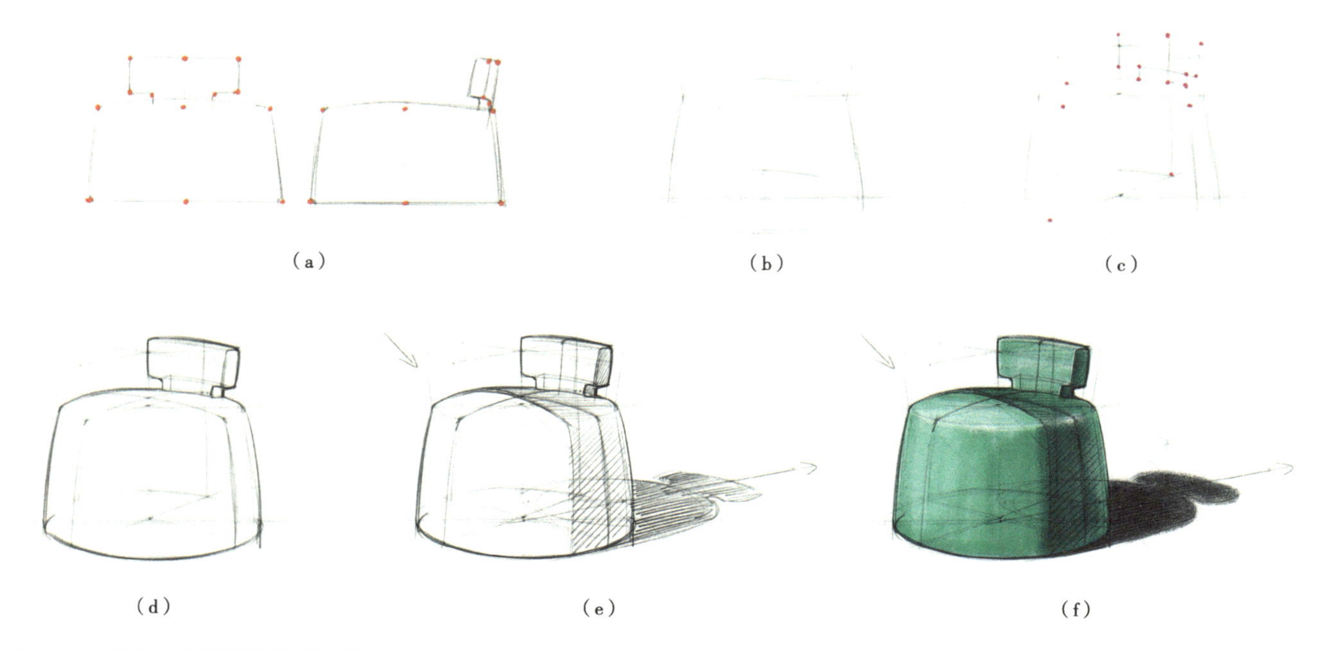

图 3-52　沙发及其投影的绘制过程

视频 3-29

（3）座椅

图 3-53 所示座椅的绘制过程与沙发类似，在此不作赘述，绘制过程详见视频 3-29。

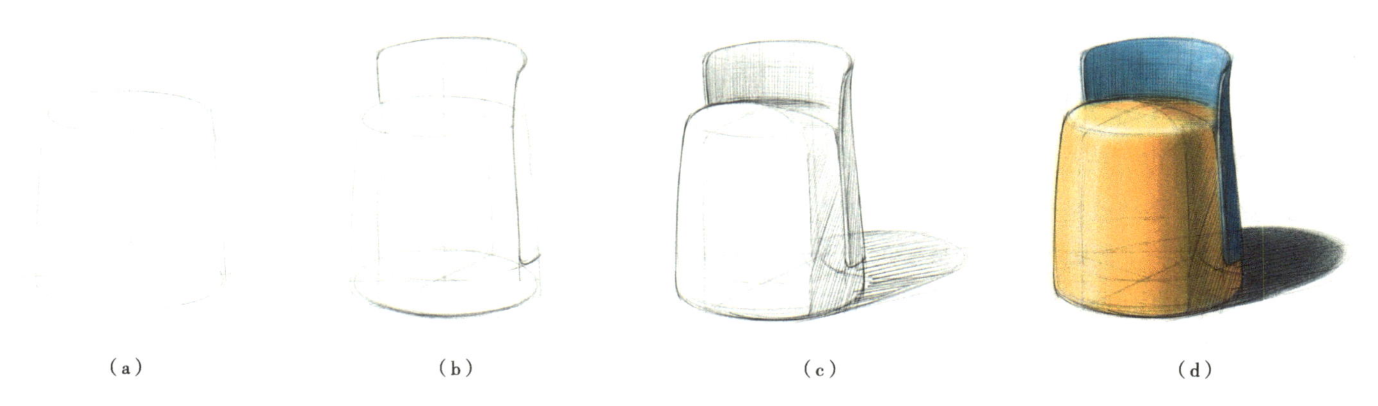

图 3-53　座椅及其投影的绘制过程

### 3.3.3　水平圆柱体及其投影

与垂直圆柱体一样，水平圆柱体端面椭圆的长短轴也相互垂直，且短轴也位于圆柱体的轴心线上，因此只要确定了轴心线方向，长短轴的方向也就随之确定下来。不同的是，水平圆柱体的轴心线方向随视角的变化而变化，随之导致端面椭圆长短轴的方向和尺度，以及椭圆的扁平程度发生变化，如图 3–54 所示。因此，在确定了端面椭圆长短轴方向的基础上，如何确定椭圆的长短轴尺度和扁平程度成为绘制水平圆柱体的难点之一。此外，水平圆柱体端面椭圆的投影会发生相应的变形和倾斜，是绘制的难点之二。

要解决以上两个难点，需要借助方形辅助框（与圆柱体端面椭圆相切的正方形）来对水平圆柱体作进一步分析。如图 3–55 所示，将圆柱体的轴心线设为 *X* 轴，方形辅助框的纵深方向设为 *Y* 轴。通过 *X* 轴可以确定端面椭圆的中心点和长短轴方向；以此为依据过方形辅助框四条边的中点即可绘制出正确的椭圆（椭圆被长短轴 4 等分）。而椭圆的投影也可以方形辅助框的方形投影轮廓为依据进行绘制。

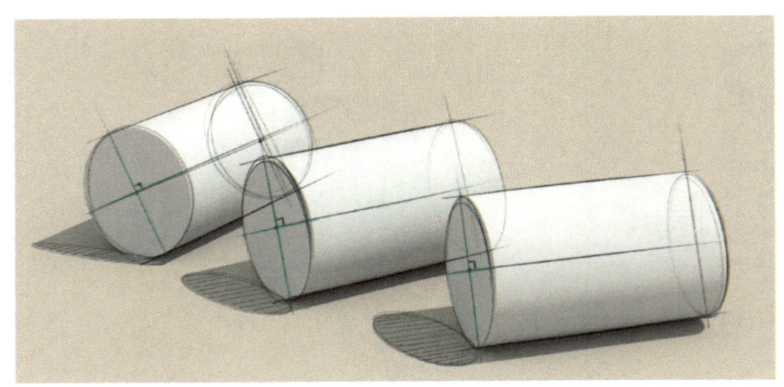

**图 3–54　不同视角下的圆柱体**

**图 3–55　水平圆柱体分析图**

### 3.3.3.1　水平圆柱体及其投影的绘制过程

通过上述分析，可有理有据地开展水平圆柱体及其投影的绘制，绘制步骤如图 3–56 所示。

第一，基于前述透视和方体的绘制经验，确定 *X* 轴、*Y* 轴、*Z* 轴的方向（*X* 轴将作为圆柱体的中轴线）；以 *Y* 轴和 *Z* 轴为参考，绘制一个方形。如图 3–56（a）所示。

第二，以方形的中心点为依据，在其后方绘制一条与 *X* 轴垂直的橙色线，这条线就是椭圆长轴的所在位置；以橙色线为参考，过方形的 4 个点绘制一个椭圆（椭圆应被橙色线平分），并与 *X* 轴和橙色线分别交于 2 个点。如此，椭圆的长轴和短轴就确定下来了。以这个椭圆为参考，绘制出后方的椭圆（受透视影响，与前方椭圆相比，后方椭圆的长轴稍短，短轴稍长）。如图 3–56（b）所示。

第三，确定光照方向和投影方向，绘制出方形的投影，并以此为基础绘制出椭圆形投影，之后绘制全部投影。如图 3–56（c）所示。

第四，找到光照方向与椭圆的切点，绘制出圆柱体的明暗交界线。如图 3–56（d）所示。

第五，根据色彩及明暗关系进行色彩的绘制。如图 3–56（e）所示。

绘制过程详见视频 3–30。

**视频 3–30**

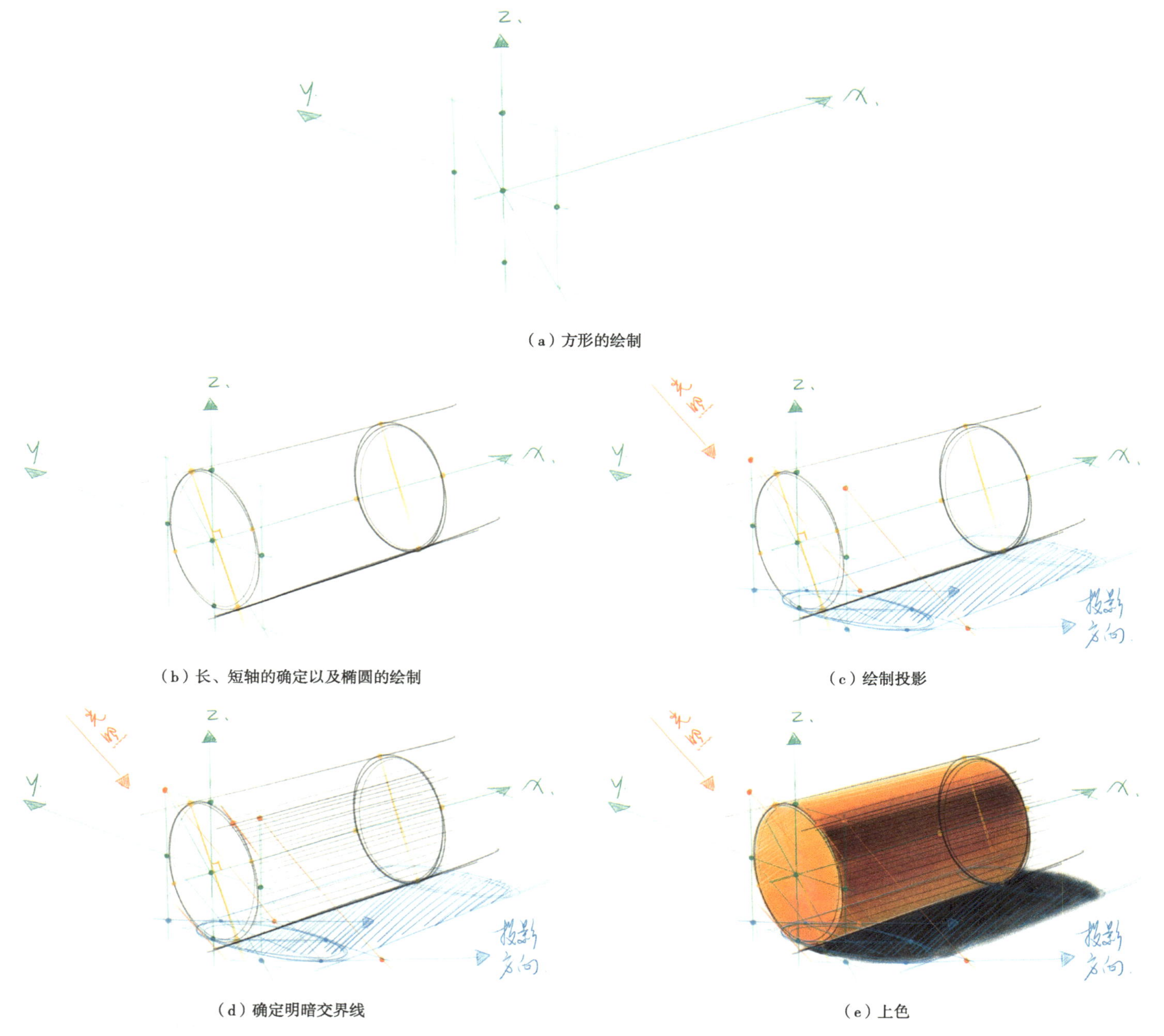


（a）方形的绘制

（b）长、短轴的确定以及椭圆的绘制

（c）绘制投影

（d）确定明暗交界线

（e）上色

**图 3–56　水平圆柱体及其投影的绘制过程**

### 3.3.3.2　水平圆柱体家具产品——单人沙发

第一，绘制出单人沙发的主视图和侧视图，确定沙发整体及各部分的形状、比例和位置等特征；试着快速绘制沙发的草图，为下一步绘制详细的透视图做准备。如图 3–57（a）所示。

第二，根据水平圆柱体的绘制步骤，绘制座面部分的 2 个主要圆柱体，注意它们的位置和大小关系。如图 3–57（b）（c）所示。

第三，沙发侧面有比较明显的切角，需要在原有 2 个椭圆一定距离处绘制 2 个偏小一些的椭圆，并且用平滑的切线连接相应椭圆。如图 3–57（d）所示。

第四，根据侧视图标示的大小和位置，绘制出靠背处的 3 个圆柱体

（由于这 3 个圆柱体较小，绘制较容易，因此可不用画太多参考线，只要看上去合理即可）。如图 3–57（e）所示。

第五，确定投影方向和光照方向，绘制出 5 个椭圆的投影，之后用切线连接，并通过排线的方式绘制未被遮挡住的投影。如图 3–57（f）所示。

第六，找到光照方向与椭圆的切点，绘制出圆柱体的明暗交界线；根据色彩及明暗关系进行色彩的绘制。如图 3–57（g）所示。

绘制过程详见视频 3–31。

视频 3–31

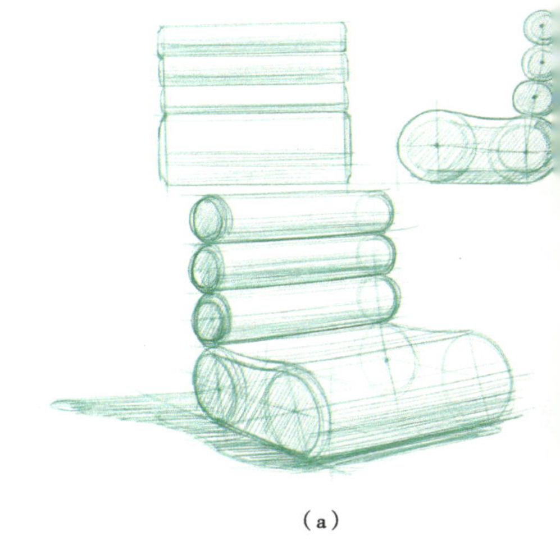

（a）

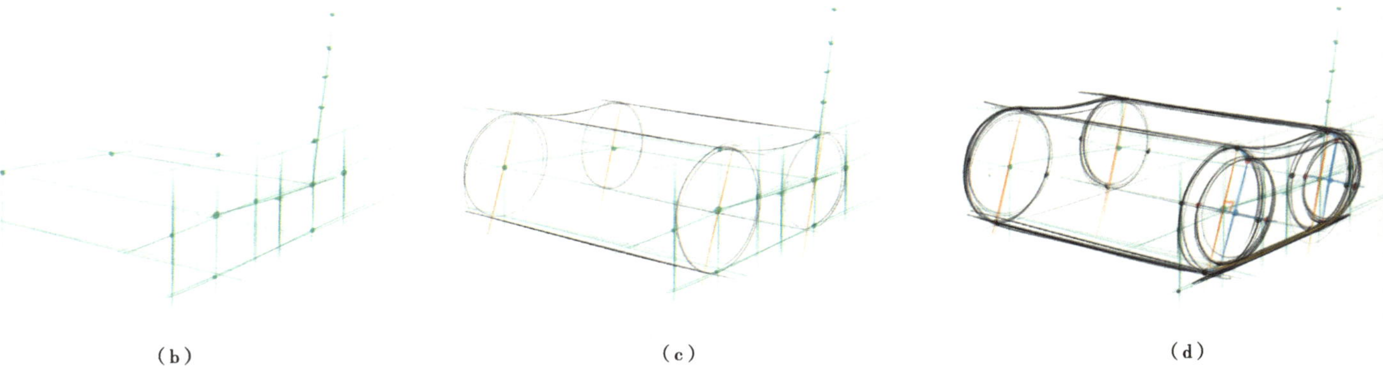

（b）　　（c）　　（d）

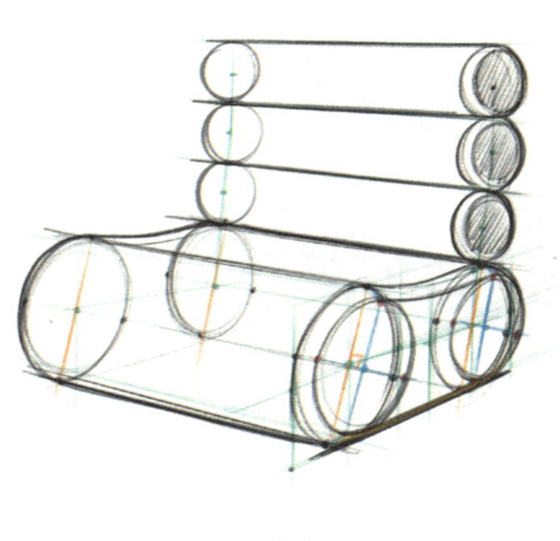

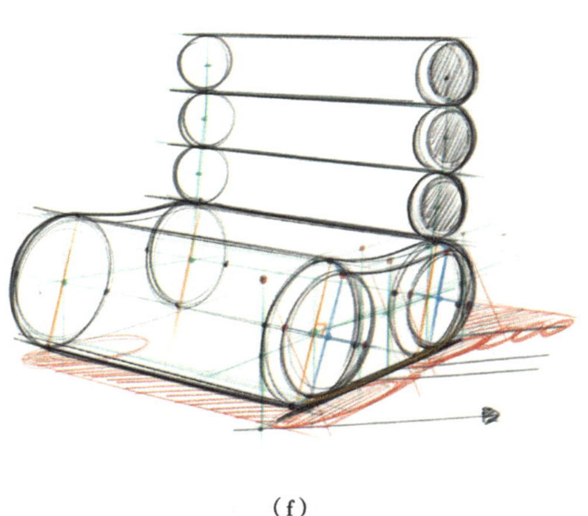

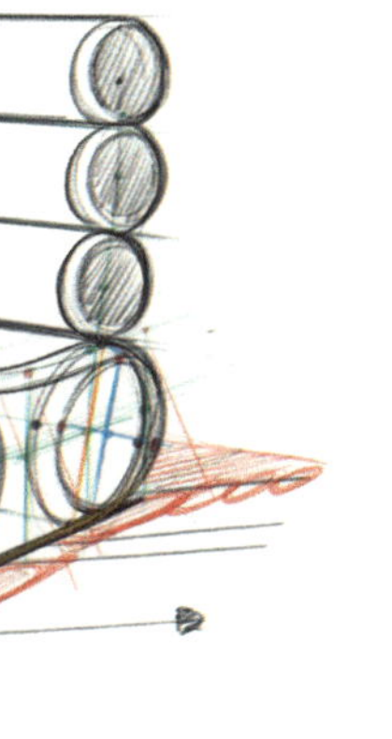

（e）　　（f）　　（g）

图 3–57　单人沙发的绘制过程

## 3.3.4　相交的圆柱体及其投影

在实木家具产品中，经常会出现圆柱形椅腿与横枨相连接的情况（图 3–58），初学者在绘制这种节点时经常会出现错误。如图 3–59 所示，其实可以将上述情况看作是两个不同直径圆柱体的垂直相交，它们的交线是一条类似于马鞍形状的闭合曲线，可以通过圆滑地连接几个关键位置的交点来确定。另外一种情况是相同直径圆柱体的垂直相交，它们的交线恰好是一个椭圆（图 3–60）。

图 3–58　杌凳的腿足与横枨相交

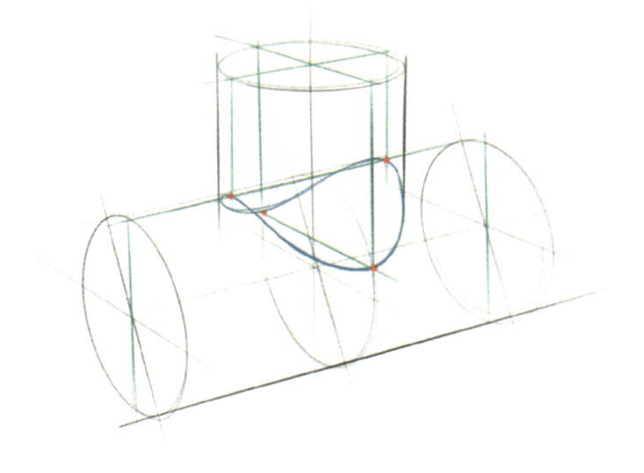

图 3-59　相同直径圆柱体的垂直相交（一）

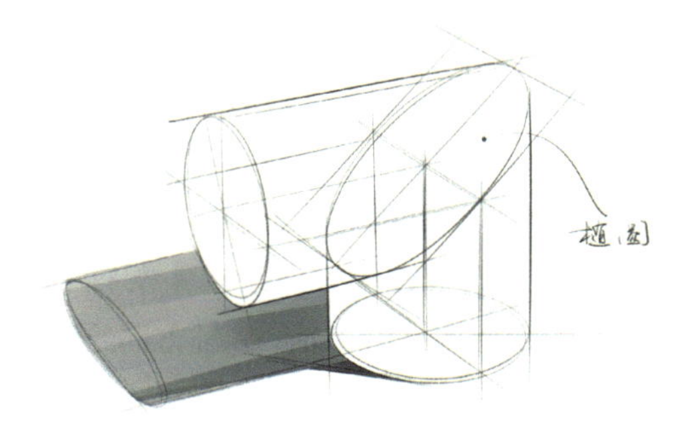

图 3-60　相同直径圆柱体的垂直相交（二）

#### 3.3.4.1　相同直径圆柱体的垂直相交

第一，绘制出 $X$ 轴、$Y$ 轴、$Z$ 轴，确定所画物体的 3 个方向；用蓝色线绘制出第 1 个水平圆柱体，找到各个椭圆在中心垂直和水平方向上的 4 个点，分别连线。如图 3-61（a）所示。

第二，通过同样的方法用绿色线绘制出第 2 个水平圆柱体（需保证与第 1 个圆柱体的直径相同），找到相应的点，并连线。如图 3-61（b）所示。

第三，连线之后绿色线和蓝色线在垂直方向上交汇于两个点，在水平方向上交汇于 4 个点，用红色点表示；以红色点为基础，绘制出两个相互垂直的矩形，并在此基础上绘制出两个椭圆。这两个椭圆就是两个圆柱体相交部分的切面。如图 3-61（c）所示。

视频 3-32

第四，用深色线强化形体。如图 3-61（d）所示。

第五，绘制投影并上色。如图 3-61（e）所示。

绘制过程详见视频 3-32。

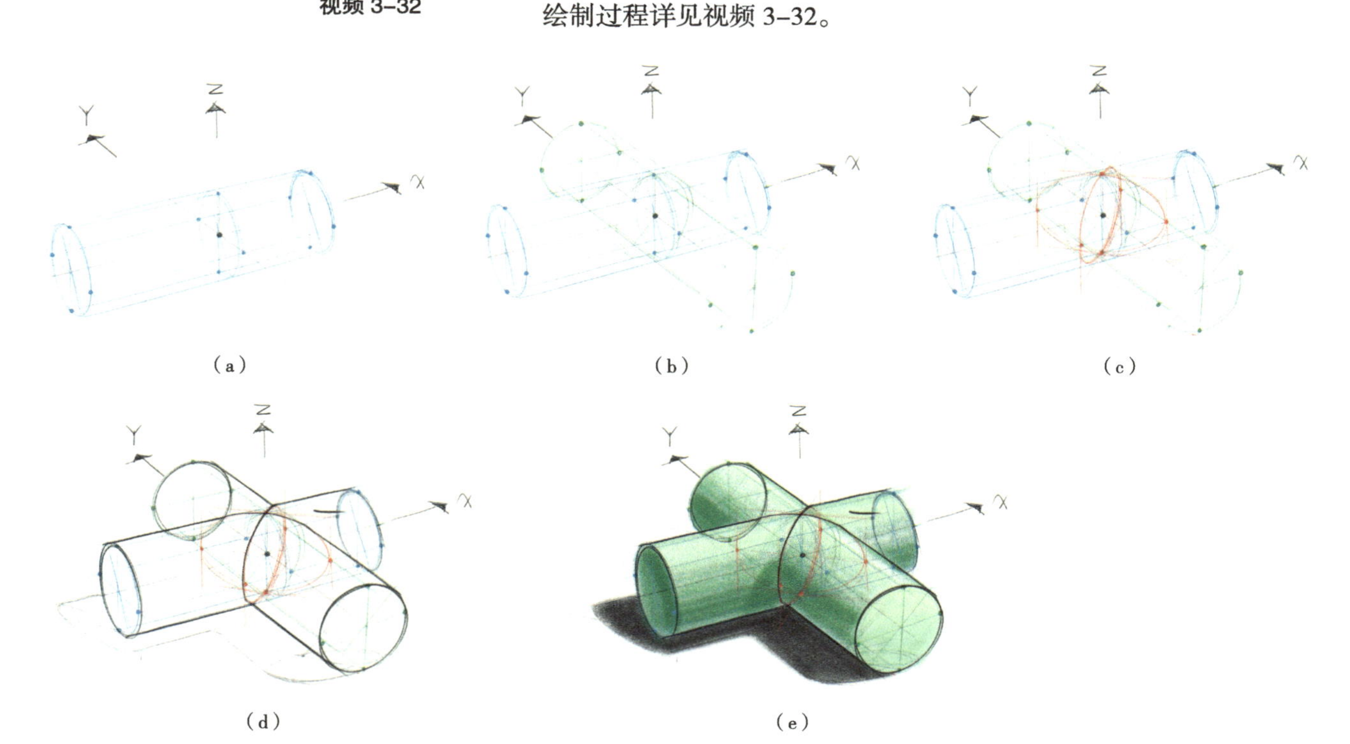


（a）　（b）　（c）　（d）　（e）

图 3-61　相同直径圆柱体的垂直相交（三）

### 3.3.4.2 不同直径圆柱体的垂直相交

第一，绘制出 $X$ 轴、$Y$ 轴、$Z$ 轴，确定所画物体的 3 个方向。如图 3-62（a）所示。

第二，利用之前讲述的方法绘制 1 个水平圆柱体，并过椭圆与方形的 4 个切点沿 $X$ 轴方向绘制 4 条参考线；找到水平圆柱体中轴线的中心点，沿 $Y$ 轴、$Z$ 轴方向绘制两条线，与之前的 4 条参考线交于 4 个点；之后以 4 个点和长轴为参考绘制 1 个椭圆。如图 3-62（b）所示。

第三，在椭圆上半部分的左右两侧相同高度上确定两个点，连同中心点一起往上作垂线，并进一步绘制出一个方形，之后以方形为参考绘制 1 个椭圆；由椭圆长轴的两端向下作垂线，作为垂直圆柱体的竖向轮廓线；由椭圆与方形的左右两个切点往下做垂线，与水平圆柱体顶端的线交于两个点，以红色点表示；以水平圆柱体的中心椭圆为参考，过左右两个红色点绘制两个椭圆，并沿 $X$ 轴方向过前后两个红色点绘制水平线，最终确定一个拱形的面。如图 3-62（c）所示。

第四，以拱形面为参考，用圆滑的曲线连接 4 个红色点（注意曲线的转折方向，且曲线会与垂直圆柱体两侧的竖向轮廓线相切），得出两个圆柱体的交界线。如图 3-62（d）所示。

第五，根据光照方向和投影方向绘制投影。如图 3-62（e）所示。

绘制过程详见视频 3-33。

视频 3-33

## 3.3.5 弯曲的圆柱体及其投影

如图 3-63 所示，有些家具产品的零部件是由弯曲的圆柱体构成的，其绘制关键在于确定好轴心线的弯曲形状，并在其重要的转折位置绘制出相应的椭圆（或圆），最后将这几个椭圆平滑地连接起来，就绘制出了一个弯曲的圆柱体（图 3-64）。需要注意的是，椭圆的长轴与轴心线必须保持垂直，并且要根据近大远小的透视规律适当地处理不同椭圆长轴之间的长短关系。

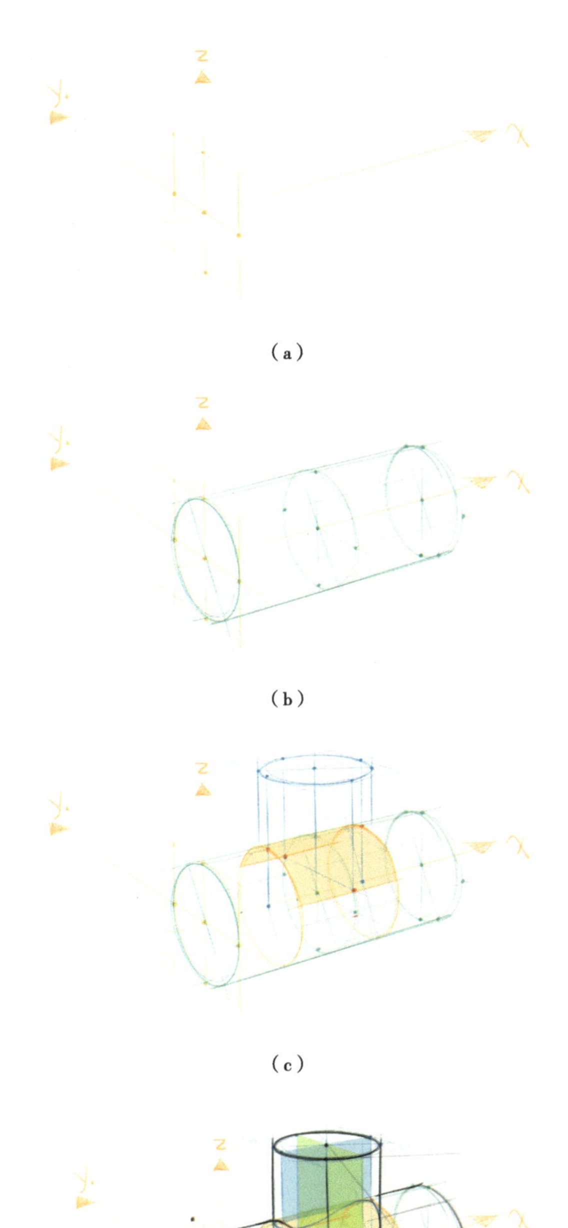


（a）

（b）

（c）

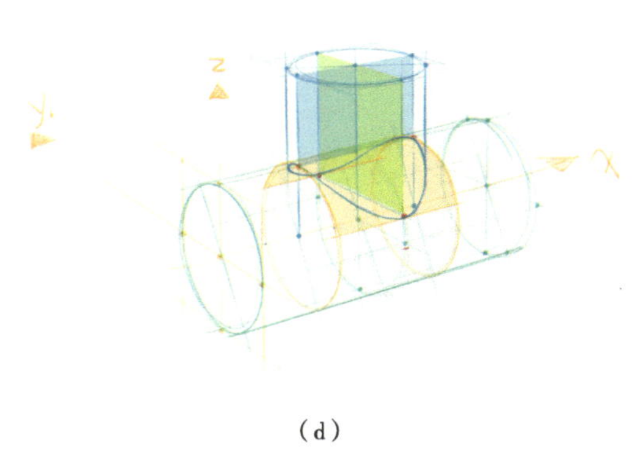


（d）

（e）

图 3-62 不同直径圆柱体的垂直相交

（a）

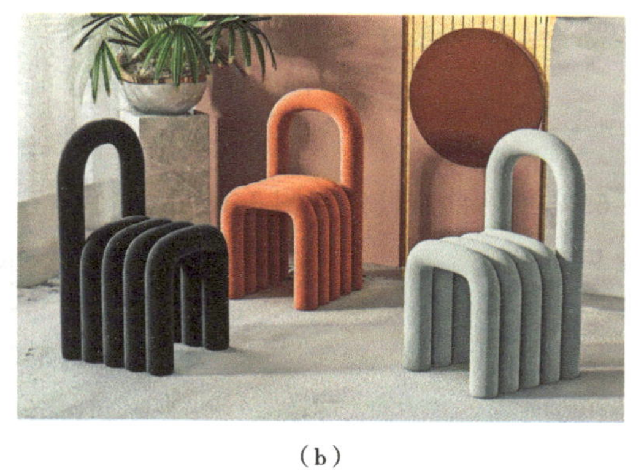

（b）

图 3-63　弯曲圆柱体构成的椅子

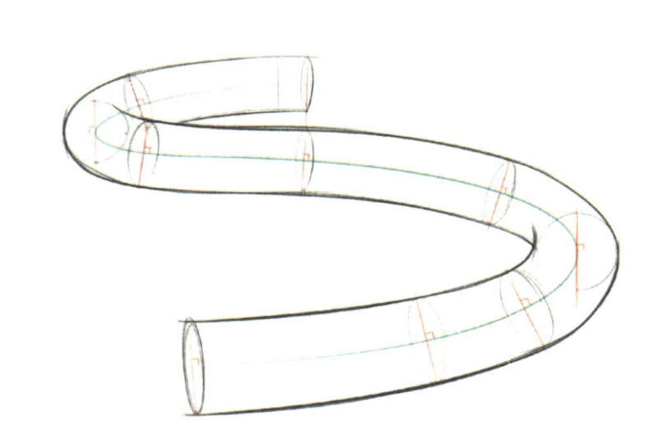

图 3-64　弯曲圆柱体的快速绘制

### 3.3.5.1　弯曲的圆柱体及其投影练习

第一，确定 X 轴、Y 轴方向，并绘制出圆柱体的轴心线。如图 3-65（a）所示。

第二，分别在 3 段直线的两端绘制出椭圆的长轴、横线和竖线，并进一步绘制出 3 个直径相同的水平圆柱体，横线和竖线与椭圆交于上、下、左、右 4 个点。如图 3-65（b）（c）所示。

第三，依据中轴线的方向，将所有椭圆的上、下、左、右 4 个点分别进行连接。如图 3-65（d）所示。

第四，用平滑的曲线将圆柱体弯曲的部分补全。如图 3-65（e）所示。

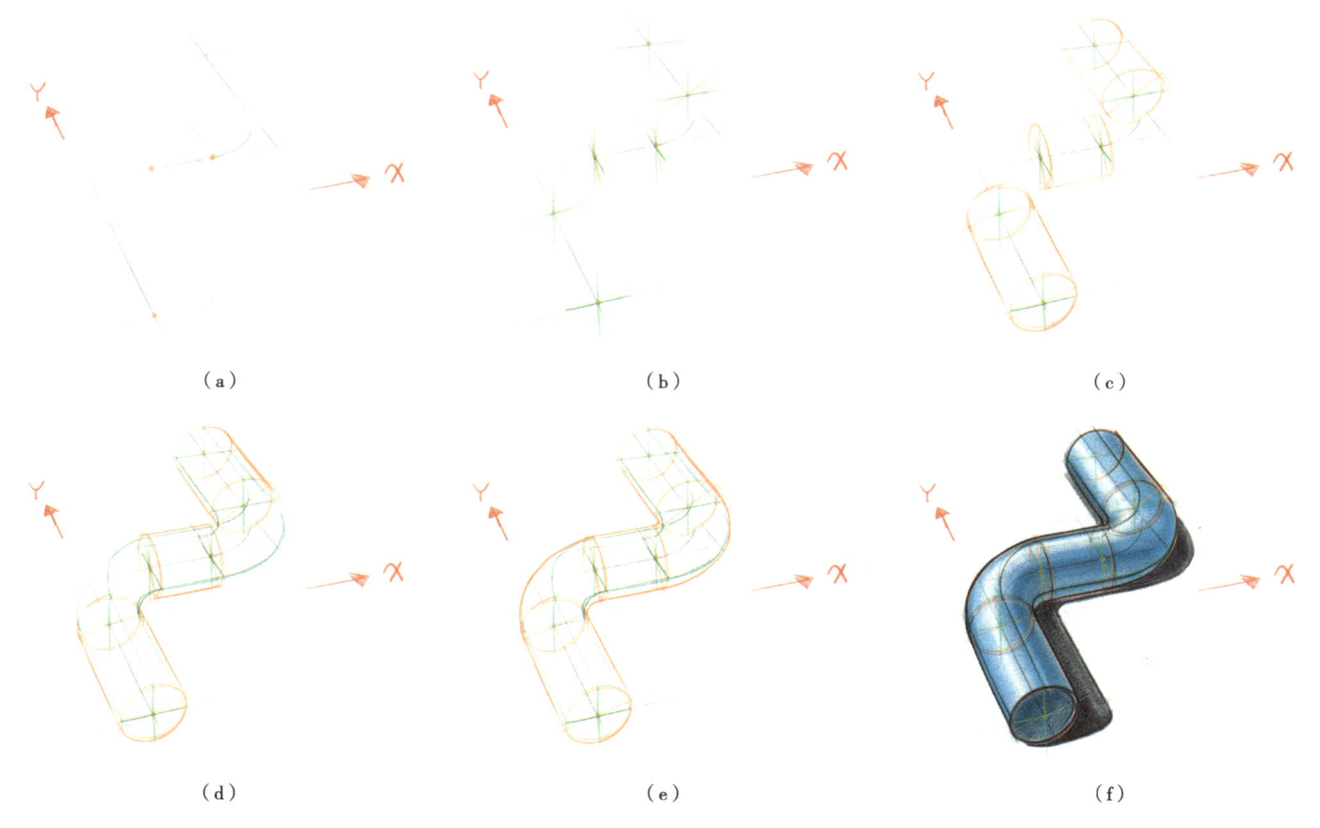


图 3-65　弯曲圆柱体及其投影的绘制过程

第五，突出圆柱体的轮廓线和结构线，绘制投影并上色。如图 3–65（f）所示。

绘制过程详见视频 3–34。

视频 3–34

用同样的绘制方法，可以绘制出图 3–66 中的弯曲圆柱体和图 3–67 中的沙发，绘制过程详见视频 3–35、视频 3–36。

视频 3–35

视频 3–36

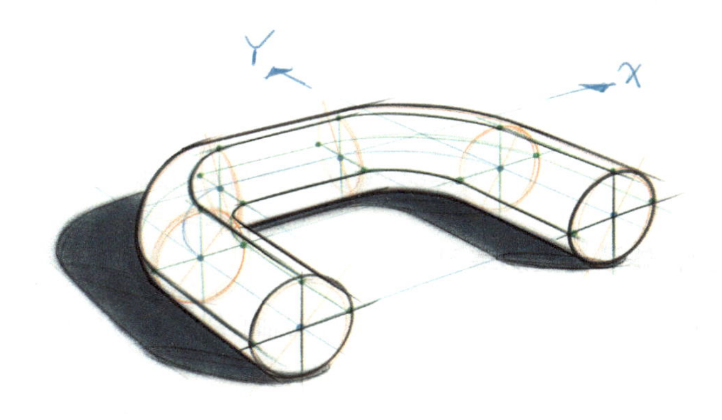


图 3–66　弯曲的圆柱体

图 3–67　弯曲圆柱体构成的沙发

### 3.3.5.2　圆环及其投影练习

圆环可以被视为一种特殊的弯曲圆柱体。它的轴心线是一个圆，在这个圆形的关键转折位置绘制 6 个椭圆（图 3–68），并用圆滑的曲线进行连接，即可绘制出一个相对准确的圆环。绘制步骤如下。

第一，在绘制出长短轴的基础上，画出一个椭圆，此椭圆将作为圆环的中轴线。如图 3–69（a）所示。

第二，过椭圆的实际中心点画两条斜线（这两条斜线的方向没有限制，但为了保证视觉效果，通常会画两条对称的斜线），加上之前绘制

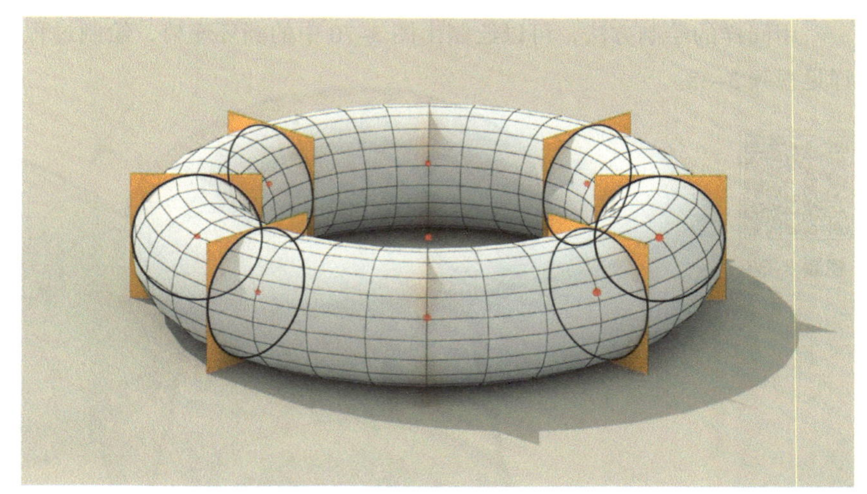

图 3-68　圆环及其 6 个切面

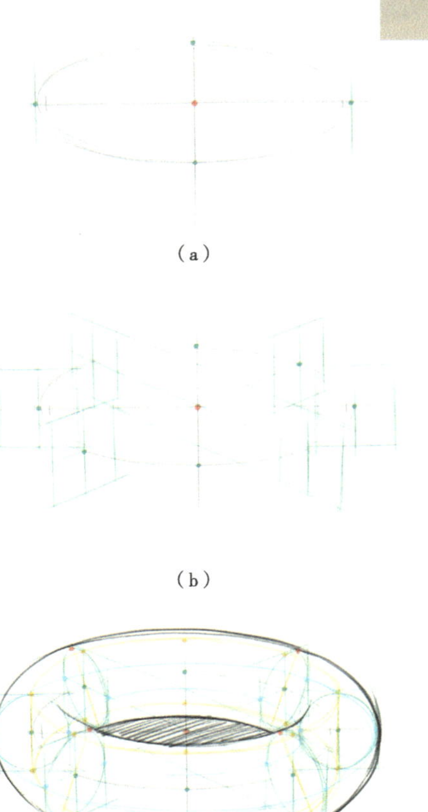

（a）

（b）

（c）

的长轴，共与椭圆交于 6 个点，之后，在交会点的基础上绘制出 6 个正方形，作为下一步绘制椭圆的参考。如图 3-69（b）所示。

第三，绘制相应的圆和椭圆；找到各个椭圆在中心垂直方向和水平方向上的 4 个点（分别用黄色和蓝色的点表示），并分别用平滑的线条连接，绘制出圆环的框架；用平滑的切线连接各个椭圆的内部和外部的切点，完成圆环的绘制。如图 3-69（c）所示。

第四，通过光照方向和投影方向确定每个椭圆在地面上的投影，并用平滑的切线连接，得出整个圆环的投影；通过光照方向与各个椭圆的切点绘制出圆环的明暗交界线。如图 3-69（d）所示。

第五，根据色彩及明暗关系进行色彩的绘制。如图 3-69（e）所示。

绘制过程详见视频 3-37。

视频 3-37

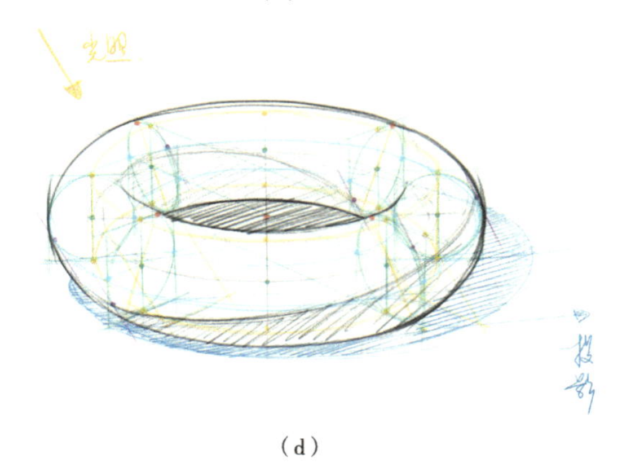


（d）

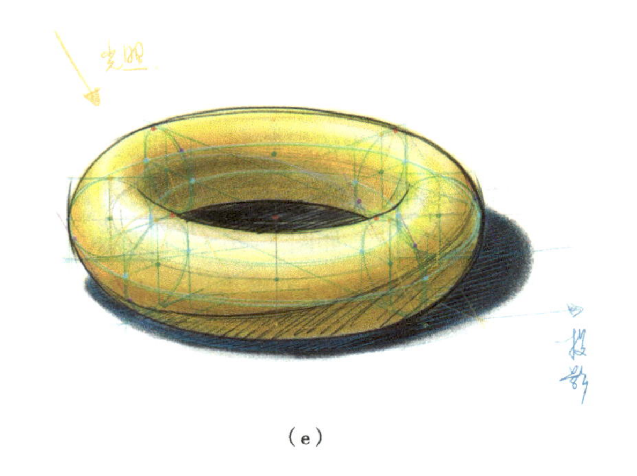


（e）

图 3-69　圆环及其投影的绘制过程

用同样的绘制方法，可以绘制出图 3–70 中的圆环座椅，绘制过程详见视频 3–38。

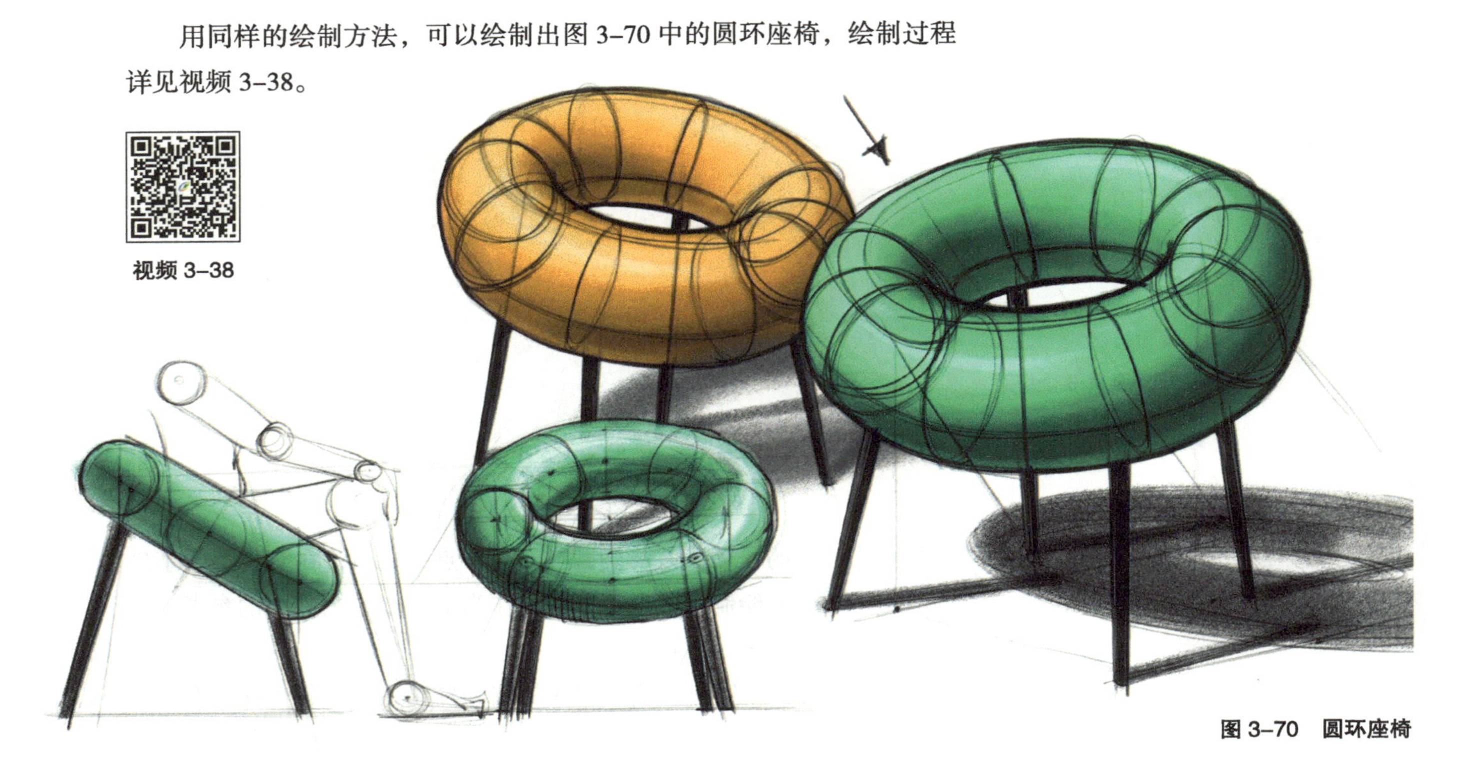

视频 3–38

图 3–70　圆环座椅

# 3.4　球体及其投影

在所有的基本形体中，球体的绘制难度最大。绘制者不仅要为球体确定其 $X$ 轴、$Y$ 轴和 $Z$ 轴方向，还要动用之前方体和圆柱体的绘制经验确定其明暗交界线及其投影。图 3–71 所示的绘制过程是非常严谨而复杂的，尤其在确定球体明暗交界线及其投影的环节，需要初学者重点掌握。只有掌握了这种严谨、理性的绘制方法，才能在后期的感性绘制中做到有理有据，不至于出现明显的错误。

## 3.4.1　球体及其投影的详细绘制过程

球体的绘制步骤如下。

第一，绘制一个正圆，并确定其视觉中心点 $O$；以点 $O$ 为中点，绘制一个水平方向的椭圆 $A$。如图 3–71（a）所示。

第二，以椭圆 $A$ 为依据，绘制出一个相切的方形，切点分别是 1、2、3、4，由此，便确定了整个球体的 $X$ 轴、$Y$ 轴和 $Z$ 轴方向；以线段 1–2 为依据绘制一条垂线，再以这条垂线为长轴，过点 3 和点 4 绘制一个椭圆 $B$。如图 3–71（b）所示。

第三，以线段 3–4 为依据绘制一条垂线，再以这条垂线为长轴，过点 1 和点 2 绘制一个椭圆 $C$；两个椭圆正好与正圆的垂直轴线共同相交于 5 和 6 两个点，也即是球体的顶点和底点。如图 3–70（c）所示。

第四，确定光照方向和投影方向（本案例中的投影方向与 $X$ 轴的方向一致，也就是说，整体光线是与椭圆 $C$ 平行的，这样可以防止后期出现更多的交点，避免画面混乱）；以光照方向为参照，绘制一条垂线，与正圆交于 7 和 8 两个点；以线段 7–8 为长轴，过点 3 和点 4 绘制一个椭圆 $D$；椭圆 $D$ 就是球体的明暗交界线，球体在地面上的投影，其实就是椭圆 $D$ 在地面上的投影 $D$。如图 3–71（d）所示。

第五，以 $X$ 轴和线段 9–10 的方向为依据绘制一个与椭圆 $D$ 相切的方形，根据光照方向和投影方向，绘制方形的投影，并以方形投影为参考，绘制一个内切椭圆，这个椭圆就是球体在地面上的投影。如图 3–71（e）（f）所示。

第六，根据明暗关系绘制色彩。如图 3–71（g）所示。

绘制过程详见视频 3–39。

视频 3–39

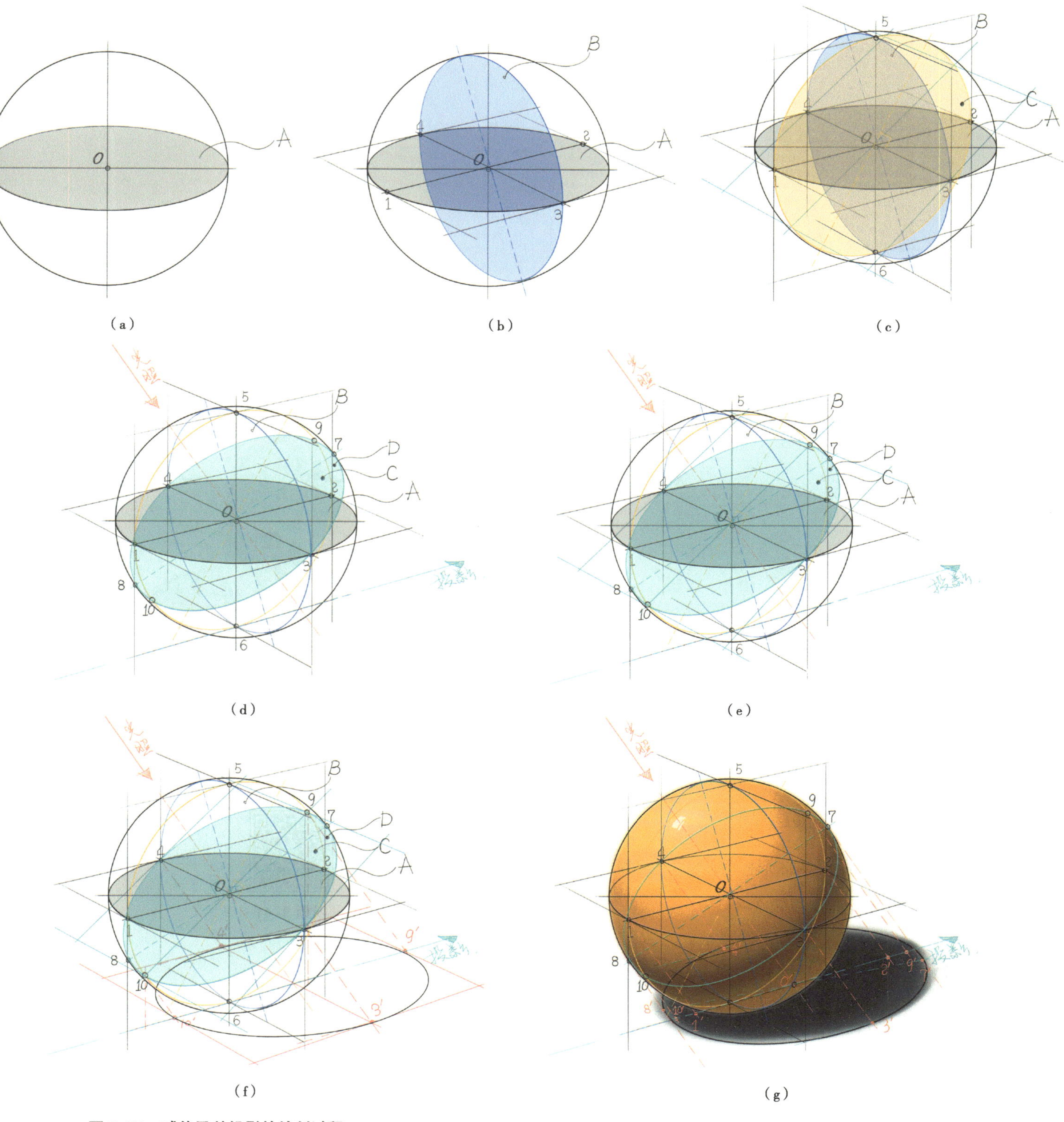


图 3–71　球体及其投影的绘制过程

### 3.4.2 球体及其变形的快速绘制过程

初学者可先按照以上步骤采用慢画法绘制一个精准的球体，稍加练习之后，可以将一些繁杂的步骤（明暗交界线与投影的绘制）进行简化，采用快速表现的方式绘制相对精准的球体。之后还可以球体 3 个椭圆切面上的线或点为参考，对球体的局部进行变形处理，如图 3–72 所示。绘制过程详见视频 3–40。

视频 3–40

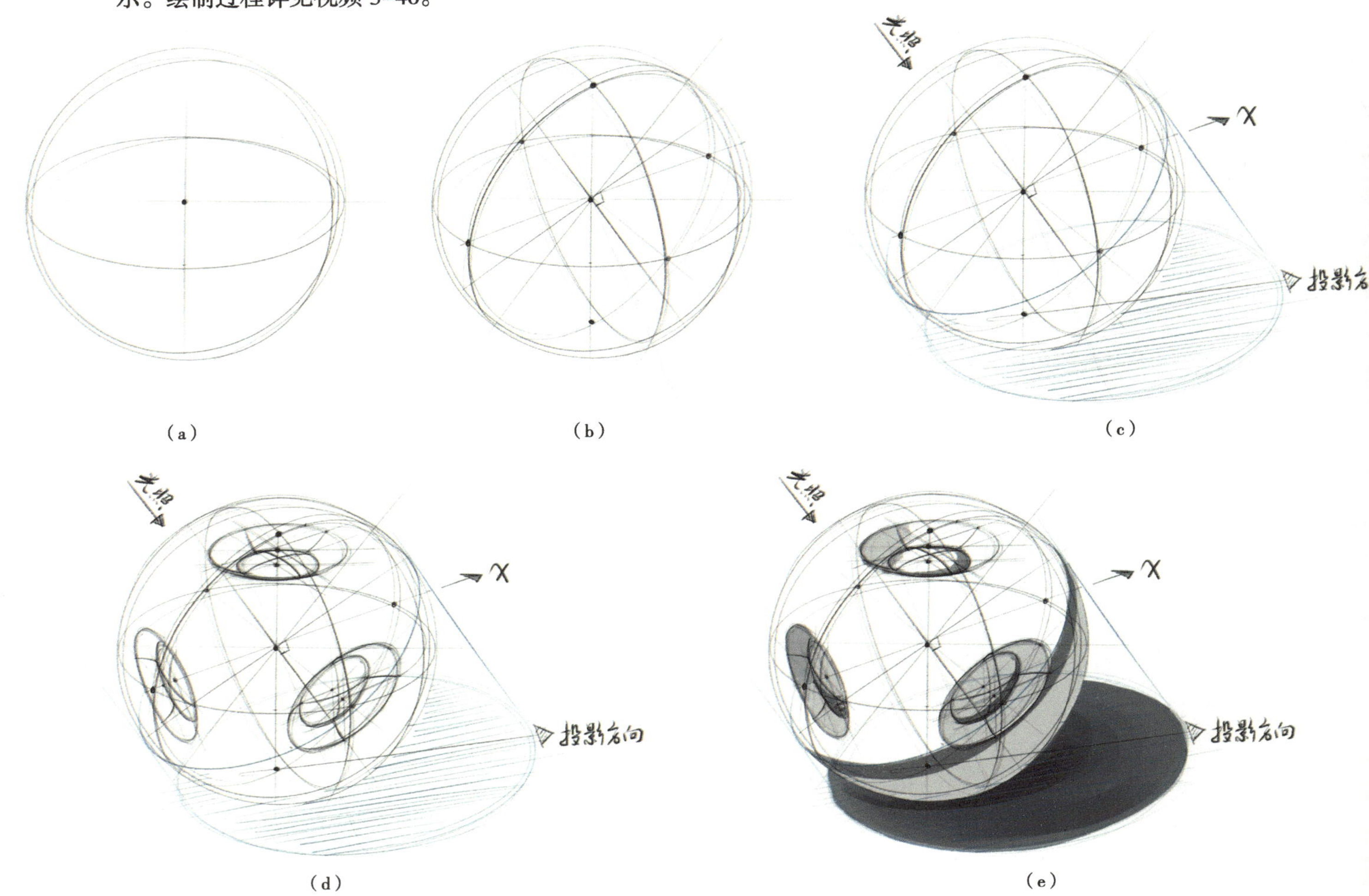


图 3–72　球体及其变形的快速绘制过程

### 3.4.3 球形沙发的绘制过程

如图 3–73 所示，球形沙发的绘制步骤与球体基本一致，此处不再赘述。绘制过程详见视频 3–41。

视频 3–41

## 3.5 复杂的形体及其投影

在众多家具产品中，还有一些家具的形体无法被归类为方体、圆柱体或球体，它们的形态较为复杂，且不规则，许多初学者在绘制此类家具产品时常常无从下手。本节将以 2 把座椅为例，对不同种类的复杂形体进行绘制和演示。

图 3–73　球形沙发的绘制过程

### 3.5.1 新中式座椅

如图 3–74 所示，座椅的靠背在俯视图、主视图和左视图同时呈现出曲线形态，且从上到下逐渐内收，形成一个复杂曲面。它是整个座椅中绘制难度较高的部分，如果不能确定其关键转折点，很难绘制出准确的靠背形态。

图 3–74 新中式座椅

针对这种情况，可先根据其长、宽、高的比例关系绘制一个方体，并确定每个面的中线，如图 3–75（a）所示；在细分的方体上定位关键转折点的位置，并用圆滑的曲线连接，形成靠背的大致轮廓，如图 3–75（b）所示；进一步刻画细节，并绘制投影，如图 3–75（c）所示；最后进行色彩的绘制。绘制过程详见视频 3–42。

视频 3–42

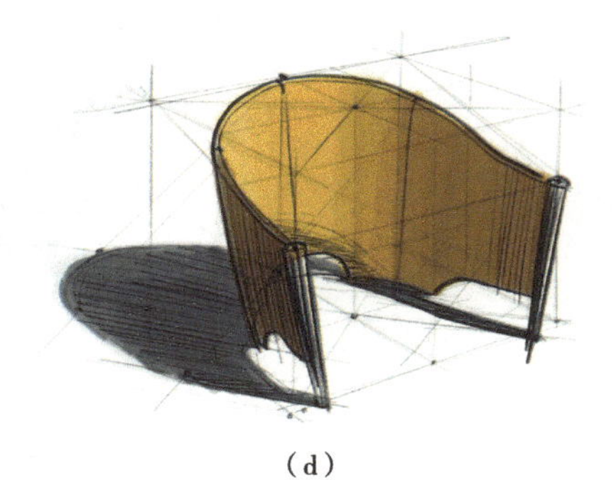

（a）

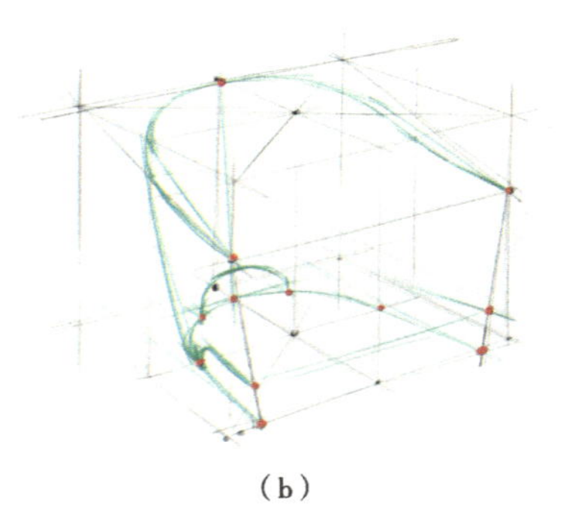

（b）

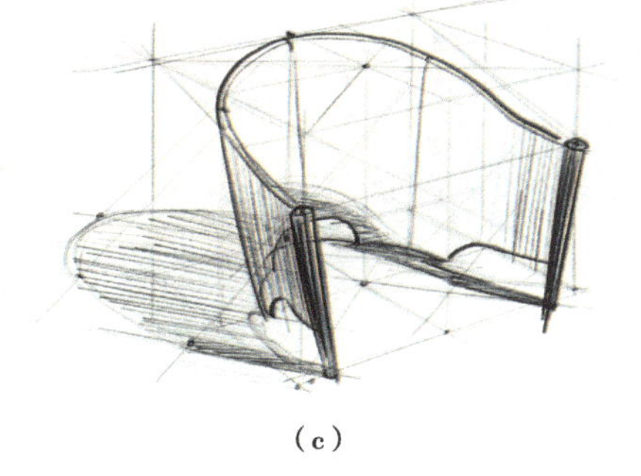

（c）

（d）

图 3–75 新中式座椅靠背的绘制过程

## 3.5.2　休闲座椅

如图 3-76 所示，如果仔细观察休闲座椅的主视图和侧视图则会发现，座椅造型其实是在一个上大下小的圆柱体的基础上进行了切割，只是这个切割使得座椅的座面与扶手、靠背形成了一个复杂的异形曲面，增加了绘制难度。

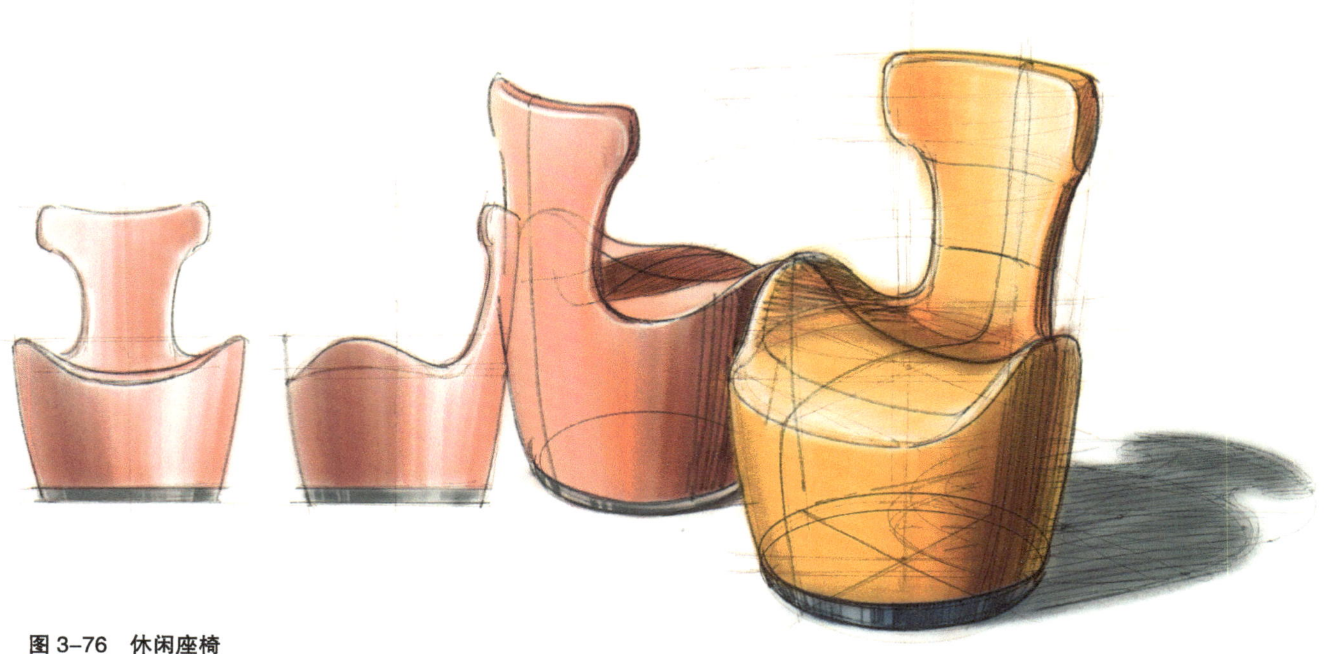

**图 3-76　休闲座椅**

**视频 3-43**

针对这种情况，可以先用椭圆确定座椅的底面，以及整个座椅的轴心线；之后确定椭圆的 $X$ 轴和 $Y$ 轴，并在此基础上绘制出座椅的两个剖面，如图 3-77（a）所示。找到座椅不同高度上的关键转折点，绘制椭圆，如图 3-77（b）所示。确定座椅的大致轮廓，如图 3-77（c）所示。强化形体，并绘制投影，如图 3-77（d）所示。绘制过程详见视频 3-43。

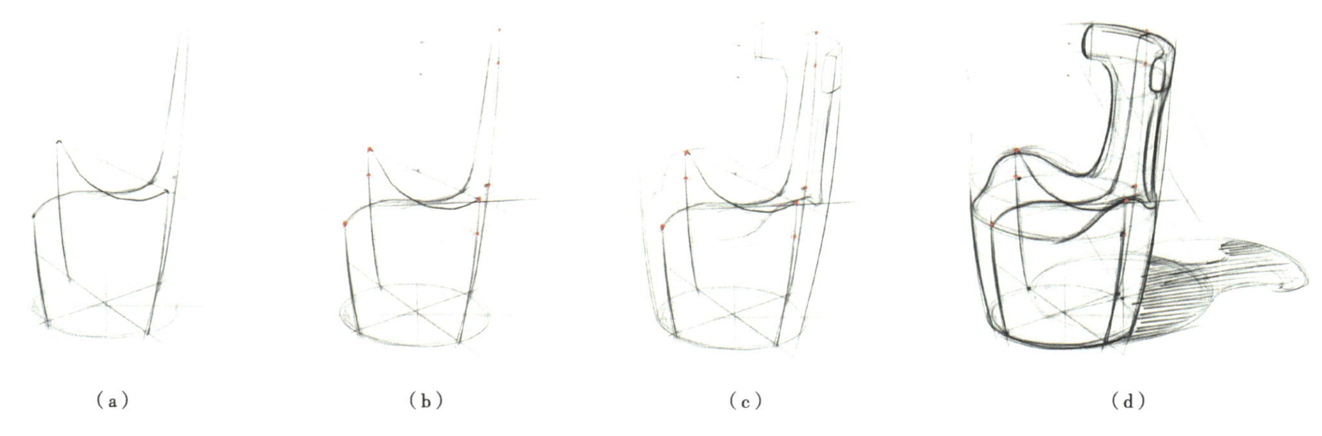

（a）　（b）　（c）　（d）

**图 3-77　休闲座椅的绘制过程**

## 思考与练习

1. 在 A3 规格的纸张上对两种常用视角的方体及其投影进行练习。

2. 在 A3 规格的纸张上对不同空间环境中的方体及其投影进行练习。

3. 在 A3 规格的纸张上对方体的细分与变形、方体的倒角和方体类家具产品进行练习。

4. 在 A3 规格的纸张上对不同类型的圆柱体及相应家具产品进行练习。

5. 在 A3 规格的纸张上对球体及相应家具产品进行练习。

6. 在 A3 规格的纸张上对复杂形体及相应家具产品进行练习。

# 第4章 家具产品的材质表现

**本章提要**

除了要用线条构建出家具产品的形体，设计者还需对家具产品的表面材质进行明晰、快速地表现。这样手绘图才更加完整，也更具表现力。需要注意的是，以手绘的形式对材质进行表现，并不需要像照片一样逼真和准确，而是要明确地展现出材质的主要特征，以帮助研发人员选择合适的材料，推动设计的深入。

本章将分两个部分对家具产品的材质表现进行讲解。首先，对材质表现的常用工具——马克笔及其技法进行讲解和演示，使初学者初步掌握用笔方式和技巧；其次，从形态学的角度对材质的基本要素——色彩、纹理、明暗度、光滑度和透明度进行讲解和演示，让初学者在了解了材质效果形成原理的基础上，进一步理解并掌握不同材质的表现技法。

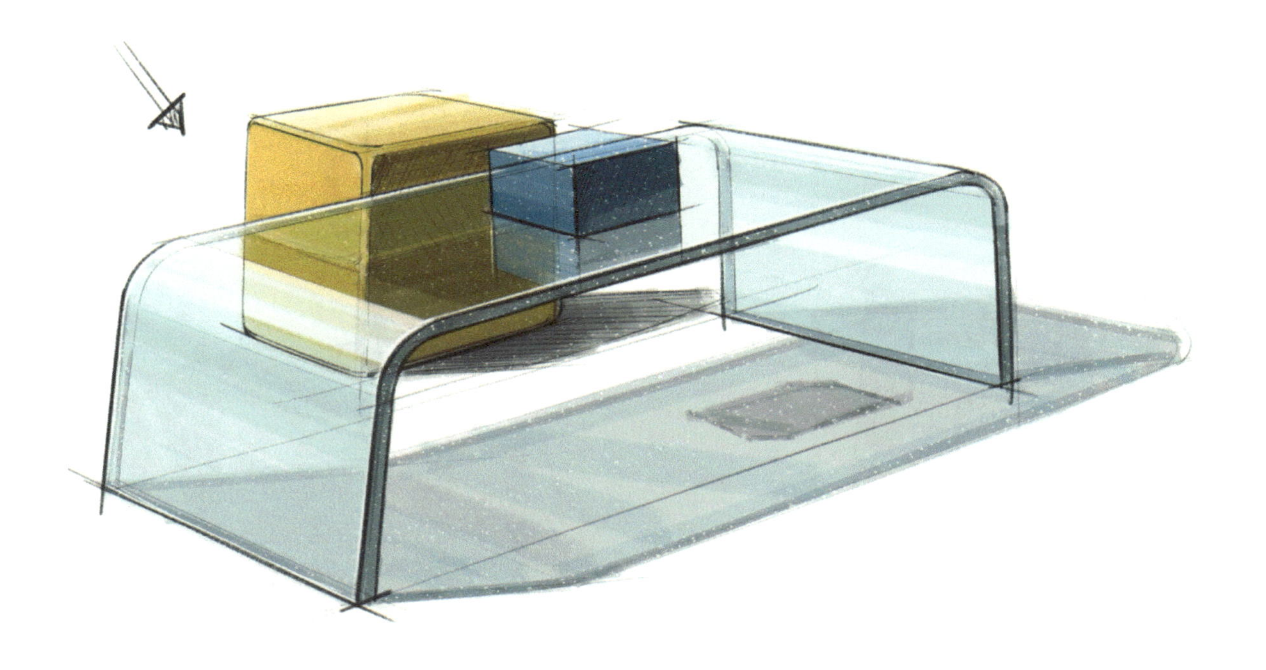

# 4.1 马克笔及其技法

## 4.1.1 马克笔的色号选择

马克笔颜色众多，为便于区分和选择，各品牌都为马克笔设立了颜色编号。但由于不同品牌对颜色编号的命名规范并不一致，因此常常令初学者不知如何选择。

总体来看，可将马克笔的颜色分为灰色系列和彩色系列，其中灰色系列分为冷灰和暖灰两种色系，彩色系列分为红、黄、蓝，绿等常用色系。针对灰色系列，初学者可根据色号间隔购买。以某常用品牌马克笔为例，冷灰系列的颜色编号根据明度变化由高到低的排列为 C1 至 C9，初学者选择 C1、C3、C5、C7、C9 这 5 种颜色可基本满足冷灰系列的使用需要。针对彩色系列，可先在红、黄、蓝，绿等常用色系中各选 1 支，再选择明度更高和明度更低的马克笔各 1 支，以保证同一色系至少有 3 种不同明度的颜色。以某常用品牌马克笔为例，如常用红色为 YR09，明度更高的色彩可选择 YR07，明度更低的色彩可选择 R29。

## 4.1.2 马克笔的表现技法

马克笔的笔头通常呈扁平状，这种笔头形状可以绘制出干脆、顿变的笔触（图 4–1），使画面呈现出较强的块面感；同时，马克笔的油墨具有融合性，这种特性使得马克笔也可以绘制出柔和、渐变的笔触（图 4–2），使画面呈现出自然过渡的效果。利用马克笔油墨的融合性，还可以使用同一支马克笔不断叠加，以使同一颜色呈现出不同的明度变化（图 4–1、图 4–2）。需要注意的是，叠加的次数通常要控制在 3 次以内，超过 3 次后，其明度基本不会再发生变化，而且容易损坏纸面。

图 4–1 干脆的笔触

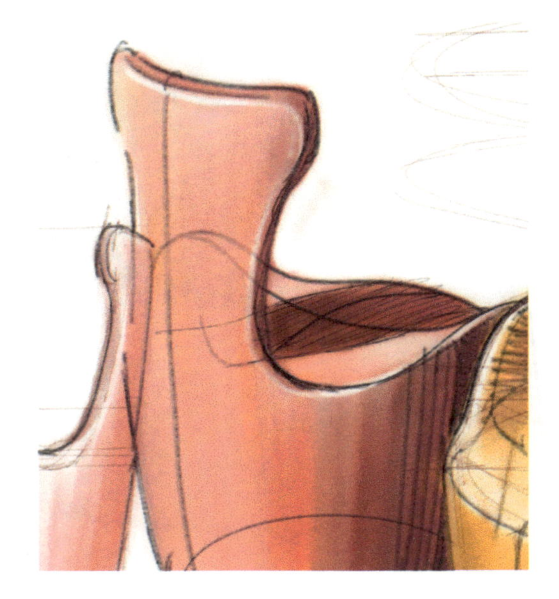

图 4–2 柔和的笔触

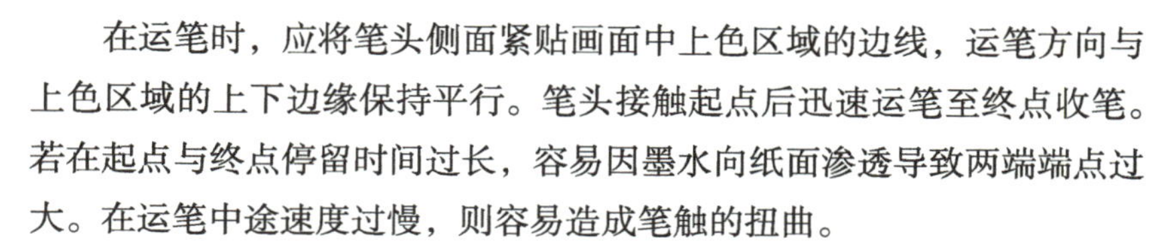

在运笔时，应将笔头侧面紧贴画面中上色区域的边线，运笔方向与上色区域的上下边缘保持平行。笔头接触起点后迅速运笔至终点收笔。若在起点与终点停留时间过长，容易因墨水向纸面渗透导致两端端点过大。在运笔中途速度过慢，则容易造成笔触的扭曲。

在平时的训练中，初学者可详加练习竖排笔触、横排笔触、斜排笔触、衰减笔触和渐变笔触，以不断提高控笔能力。

竖排笔触：将笔由起点开始竖向绘制至终点，适合横狭长面的塑造（图 4–3）；横排笔触：将笔由起点开始横向绘制至终点，比竖排笔触容易控制，是使用率较高的笔触类型（图 4–4）；斜排笔触：将笔由起点开始斜向绘制至终点，难度较高，适合在平行四边形中使用（图 4–5）；衰减笔触：由起点开始绘制，并将笔头逐渐脱离纸面，以形成色彩逐渐消失的渐变效果，多用于表现形体表面的明暗渐变（图 4–6）；渐变笔触：用马克笔笔头底端的一角进行绘制，绘制方法与彩色铅笔类似，适合于绘制狭长的面及形体的明暗渐变过渡（图 4–7）。

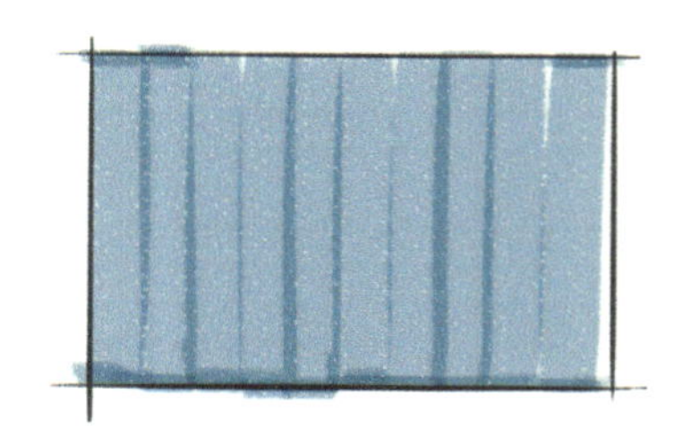

图 4–3　竖排笔触

图 4–4　横排笔触

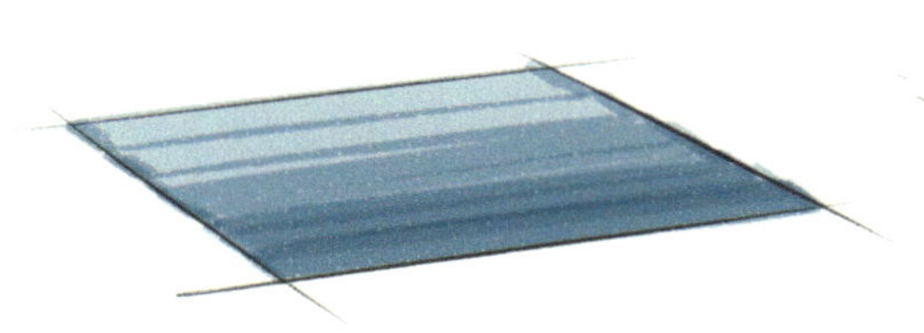

图 4–5　斜排笔触

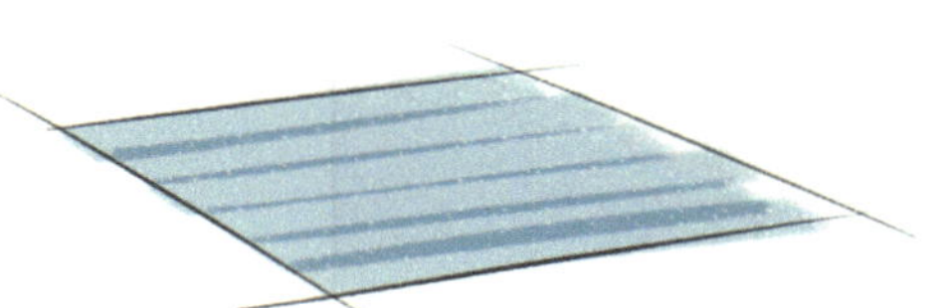

图 4–6　衰减笔触

图 4–7　渐变笔触

## 4.2　材质及其表现技法

材质是材料与质感的统称，从形态学的角度可将其理解为色彩、纹理、明暗度、光滑度、透明度等要素的综合。其中，色彩与纹理是材质的构成要素，它们对材质的表现效果起到了决定性作用；明暗度、光滑度、透明度是材质效果的影响要素，它们从不同层面影响着材质的表现效果。

家具产品的材质种类繁多，我们无法通过教材来总结和演示每种材质的表现效果，但可在理解了材质的色彩、纹理、明暗、光滑度与透明度 5 个基本要素之后，对不同材质的表现效果进行推测与表达。本节将按照家具产品材质表现的常规顺序，分别对明暗度、色彩、光滑度、透明度和纹理的理论内容和表现技法进行阐述。

### 4.2.1　材质的明暗度及其表现技法

受光照强度的影响，物体本身明暗关系呈现为亮面、灰面、暗面、明暗交界线和反光 5 种形式。其中，亮面出现在与光线垂直或接近垂直照射的区域，这一区域受光源影响最强，其明度也最高；灰面接受的光照强度次于亮面，明度适中，通常呈现物体的固有色；暗部出现在光源直射不到的区域，包括明暗交界线和反光两个部分，其明度由明暗交界线到反光逐渐增强；明暗交界线出现在受光部与背光部交界的区域，从属于暗部，也是物体最暗的部分；反光出现在暗面中受环境影响较大的区域，其明度仅次于明暗交界线。

图 4–8 所示为一个固有色为冷灰色（CG3）的正方体，光线由其右上方射入，*A* 面成为亮面，其明度高于固有色；又受光照强度的影响，明度由前往后逐渐变暗，可用 CG1 上色。*B* 面为灰面，明度接近固有色；受光照强度的影响，明度由上往下逐渐变暗，可用 CG3 上色。*C* 面为暗面，其明度低于固有色；又受反光的影响，明度左下角的反光至右上角的明暗交界线逐渐变暗；整个暗部可先用 CG5 整体铺排，之后将明暗交界线处用 CG7 强调。此外，投影部分的基本色值为投影所在面颜色至黑色的中间值。假定桌面颜色为灰色（CG3），则投影部分颜色为灰色（CG3）至黑色（CG10）的中间值，即 CG7。

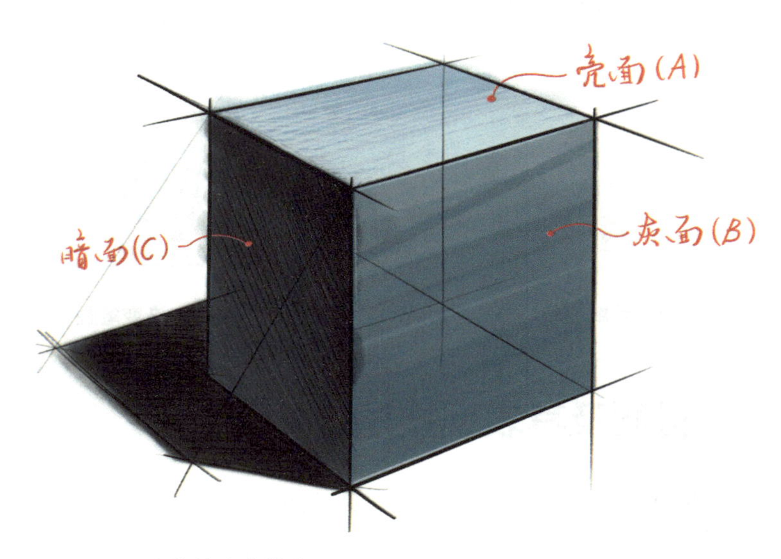


**图 4–8　正方体的明暗关系**

### 4.2.2　材质的色彩及其表现技法

有些家具产品的材质，如亚光塑料、亚光布料、橡胶等（图 4–9），只有色彩，没有纹理，这类材质只会在色彩的明暗度或饱和度方面发生变化。

本节仍以正方体为例对材质的色彩要素及其表现技法进行阐述。其中无色系材质可用冷灰（CG）或暖灰（WG）来表现，其表现技法已在材质的明暗度一节进行讲解，本节不再赘述。

与无色系材质相比，彩色系材质（如红、黄、蓝、橙、绿、紫）的明度发生变化的同时，其饱和度也会发生相应的变化。如图 4–10 中的红色正方体，在明度方面，亮面最高，灰面次之，暗面最低；在饱和度方面，灰面最高，亮面次之，暗面最低。依照这个规律，还可以对其他颜色的正方体进行手绘训练（图 4–11）。

（a）塑料材质

（b）亚光布料材质

**图 4-9　纯色材质**

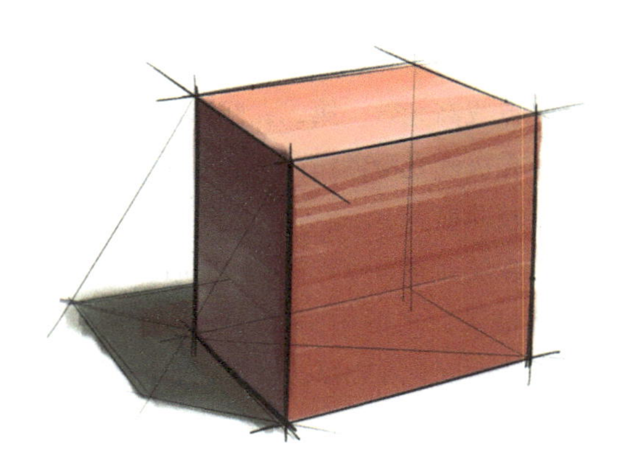

**图 4-10　红色正方体的明度及饱和度变化**

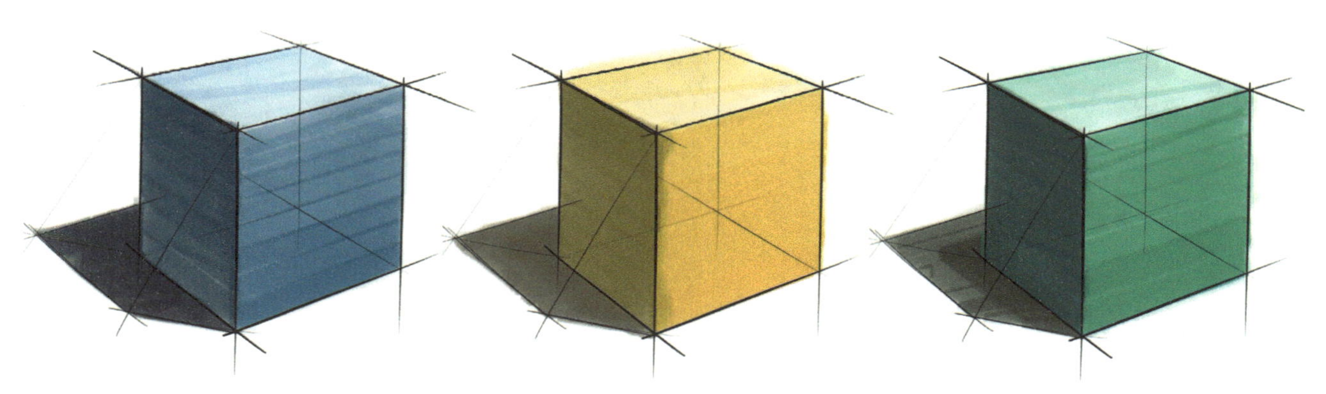

**图 4-11　其他颜色正方体的明度及饱和度变化**

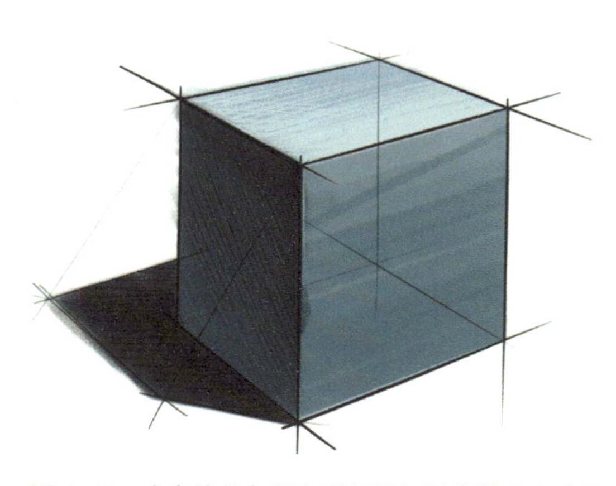

**图 4-12　白色彩铅与黑色彩铅的运用使得明暗对比更加明显**

绘制彩色系色彩时，常常会碰到马克笔色彩种类不够的情况。其原因在于彩色系颜色种类繁多，很难将每种颜色的所有明度都购买齐全。要解决这一问题，就需要借助马克笔本身的特性及其他着色工具。马克笔及其技法一节中介绍了马克笔的叠加特性。在正常运笔的情况下，对同一色号的马克笔进行叠加后，其明度会有一定程度的降低，同时，当用较轻的力去运笔时，绘制的色彩比正常运笔的明度要略低。也就是说，同一支马克笔大致可以绘制出 3 种不同明度的颜色。在这 3 种不同明度的颜色仍不能满足明暗变化需要的情况下，可以再借助白色彩铅与黑色彩铅进一步拉开颜色的明暗对比（图 4-12）。

## 4.2.3 材质的光滑度及其表现技法

光滑度是影响材质明暗和色彩变化的一个重要因素。一般情况下，光滑度较高的材质具有以下特点：第一，高光会较聚集，并形成明显的高光点或高光带；第二，暗部反光较明显；第三，对环境的反射程度较高，在极度光滑的情况下，几乎完全反射环境的色彩；第四，明暗对比程度较明显。

在绘制图 4–13 中圆柱体时，可先用明度最亮的颜色（CG1）将圆柱体铺满，之后用明度最暗的颜色（CG7 或 CG10）绘制明暗交界线，接着用中间色（CG3、CG5）进行过渡，最后用提白笔点出高光即可。

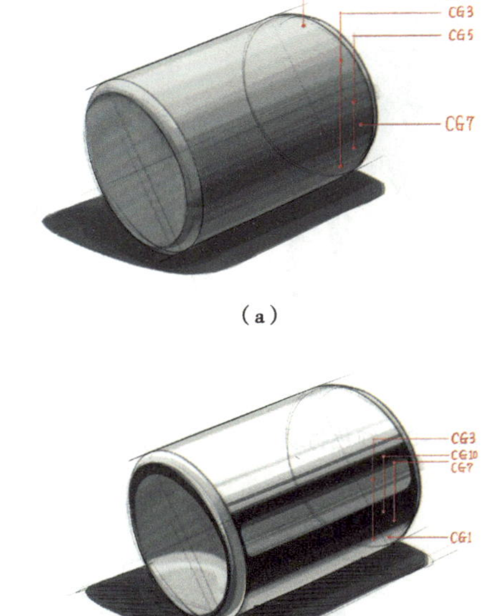


（a）

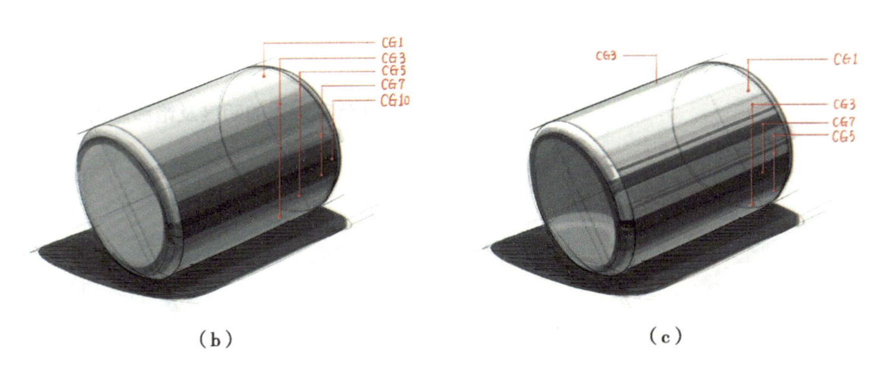


（b） （c） （d）

**图 4–13　不同光滑度的圆柱体**

## 4.2.4 材质的透明度及其表现技法

透明度较高的材质一般都是比较光滑的，因此在绘制此类材质时，必须将其反射和折射的特点同时体现出来，方能达到较为真实的表现效果。

绘制透明度较高的材质时，应遵循以下经验。

第一，线稿的绘制应该完整，被遮挡的部分可用较轻的线条来体现，如图 4–14（a）所示。

第二，上色时，可先根据明暗关系和反射规律绘制出茶几的大关系。此阶段需要注意两点，一是形体的边缘应用重色绘制；二是为体现茶几的高光和反射，尤其要注意留白位置和形状的绘制（此处绘制成功后，在后期可不做任何改动），如图 4–14（b）所示。

第三，绘制盒子和凳子未被遮挡住的部分，并将它们投射在茶几上的倒影绘制出来（倒影的颜色饱和度要比实物低），如图 4–14（c）所示。

第四，用明度和饱和度更低的色彩绘制凳子的被遮挡部分，且不能破坏茶几的留白形状，如图 4–14（d）所示。

第五，用提白笔在茶几边缘绘制高光；用较轻的灰色（CG3）绘制茶几的投影，并用较重的灰色（CG5）为投影勾勒轮廓。如图 4–14（e）所示。

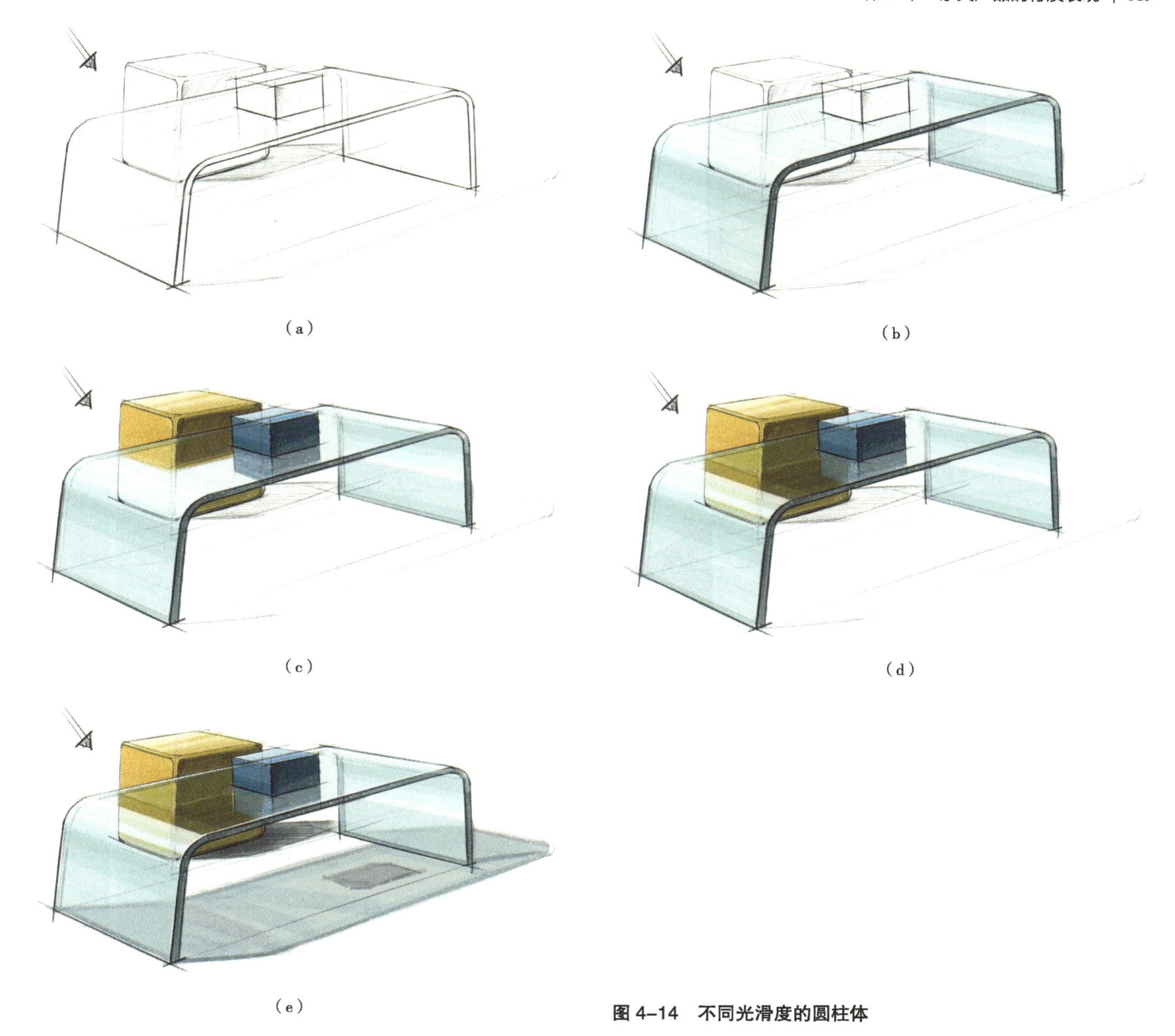


图 4–14　不同光滑度的圆柱体

## 4.2.5　材质的纹理及其表现技法

纹理可理解为纹路和肌理的统称。在家具产品设计中，经常会遇到一些带纹理的材质，如木纹、皮革、大理石等。在绘制有纹理的材质时，应先分析并绘制材质本身的明暗度、光滑度、透明度等基本属性，之后再将其纹理特征绘制出来，如图 4–15（a）所示；其次，再根据材质本身的纹理特征绘制纹理，如图 4–15（b）所示；若想进一步凸显木材的光滑质感，则可用竖向笔触将其顶面绘制出镜面反射的效果，如图 4–15（c）所示。

在平时的训练中，也要注意对不同材质纹理的收集和绘制练习，以丰富自己的手绘材质库，如图 4–16 所示。

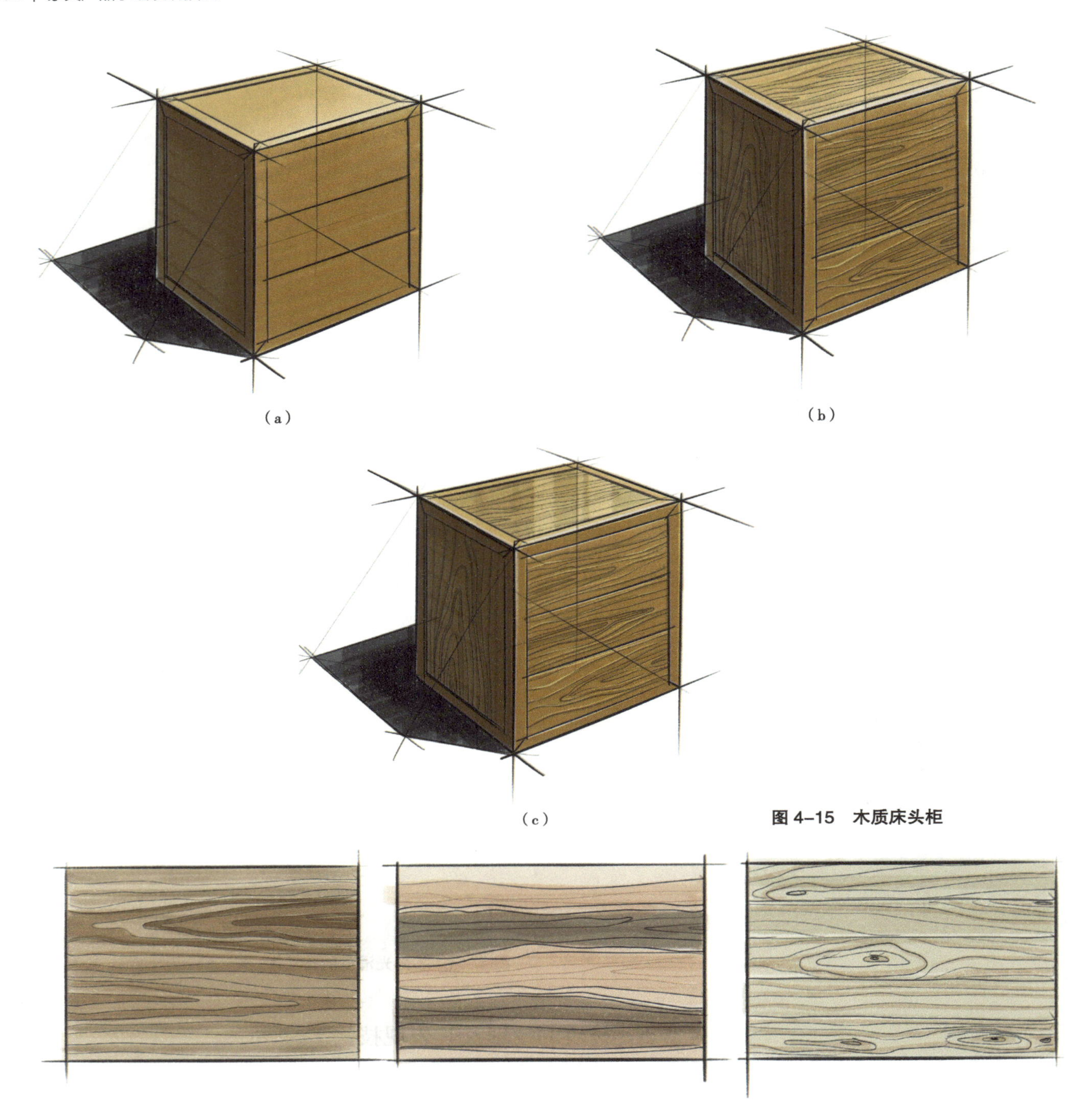

（a）（b）（c）

图 4–15 木质床头柜

图 4–16 不同类型的木纹

## 思考与练习

1. 在 A3 规格的纸张上分别用马克笔对竖排笔触、横排笔触、斜排笔触、衰减笔触和渐变笔触进行练习。

2. 分别用无色系和彩色系马克笔表现明暗度对正方体的影响。

3. 试阐述高光滑度材质的特点，并用马克笔对不同光滑度的圆柱体进行表现。

4. 以教材中的茶几为例，对材质的透明度及其表现技法进行练习。

5. 以教材中的床头柜为例，对材质的纹理及其表现技法进行练习。

F U R N I T U R E

# 第5章 家具史中经典作品的逆向还原

**本章提要**

通过前文对透视、线条、形体与材质的学习和训练，初学者已初步了解了家具产品手绘表现的基本知识和技能。如能按照教材中的方法勤加练习，便可熟能生巧，有所进益。

除此之外，更进一步的方法是运用所学的手绘基础知识对已有经典家具作品进行逆向还原。逆向还原不是简单地对照图片进行临摹，而是在对图片中的家具形体进行观察和分析的基础上，尽可能全面地推测出该家具产品相关信息，如比例、尺度、曲直、起伏等造型特征，零部件之间的连接特征，以及材质特征等。以这些特征为基础，绘制出相对准确的三视图，并以此为依据，结合所学的手绘知识和技能，对图片中的家具进行多角度手绘表现。

对经典家具作品进行逆向还原所带来的益处是多方面的。首先，逆向还原是一个“理性推导”过程，因此它不仅可以训练学生的手绘技巧，也可以提高学生的造型分析和推导能力；其次，这些经典家具作品是经验丰富的设计师经过深思熟虑才最终设计成型的，其中不乏对造型、结构、材料等方面的选择和推敲，对这些作品进行分析和还原有利于提升学生对设计风格和理念的了解，为将来进行正向设计积累经验。

本章对中西方家具史中一些经典家具作品（宋代折背椅、明代南官帽椅、LCW休闲椅、球椅和潘顿椅）的设计背景及特征进行了介绍，并在造型分析的基础上，重点对这些作品进行了详细地逆向还原。

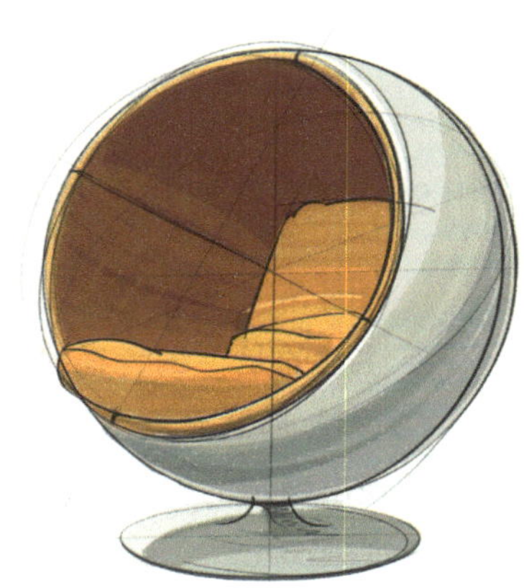

# 5.1 宋代折背椅

## 5.1.1 折背椅的造型特征与设计理念

折背椅是中国传统家具中较为特殊的一种家具形式，它的形制始自魏晋时期的绳床，至宋代发展成熟，宋代绘画《十八学士图》中的两把折背椅最具代表性（图 5-1）。其主要特征是：整体造型方正平直，结构简练；主体构件纤细瘦挺，且不失力度；扶手与靠背在同一高度，且与椅腿相连，除此之外，其间再无竖材支撑；装饰极少，仅在牙板处镂刻海棠形开光；多带宽阔的脚踏，且脚踏与椅腿连为一体。

折背椅的名称是今人定取的，其源于唐末李匡义在《资暇录》中因其靠背“高不过背之半”而称其为“折背样”，这也是折背椅区别于其他靠背椅的典型特征之一。这种造型设计大概是对“绳床”形制和礼仪规范的继承，因其“倚必将仰，脊不遑纵”，进而使人“不敢傲逸其体，常习恭敬之仪”。若过度地从舒适角度来解读折背椅的设计理念，则稍显肤浅。

折背椅的另一明显特征是脚踏与椅腿的结合（图 5-2）。在正式的椅具出现之前，古人习惯坐于宽阔的床或榻之上。这种小型的脚踏出现较晚，常作为独立的个体置于大型床榻之前，是一个落脚辅助用具。画面中的折背椅应是这种生活习惯和配置方式在椅具中的延续和发展。至明清时期，这种宽阔的脚踏演变为两根前腿之间的踏脚枨（图 5-3）。

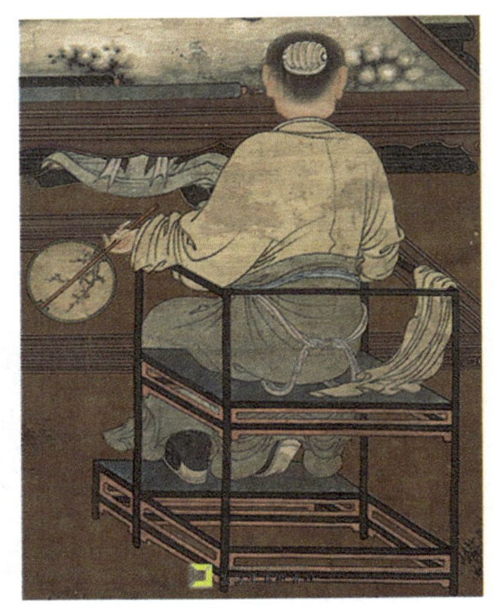

（a）

（b）

图 5-1 宋《十八学士图》中的折背椅

图 5-2 宋式折背椅脚踏

图 5-3 明式官帽椅踏脚枨

## 5.1.2 折背椅的手绘表现

图 5-1（b）中折背椅的造型非常简练，绘制难度不高。需要注意的是，编者在绘制过程中，根据传统椅具中常出现的“侧脚”形制对原图进行了一定的调整，使折背椅的整体形制呈现出稳定的梯形特征，如图 5-4、图 5-5 所示。绘制过程详见视频 5-1。

视频 5-1

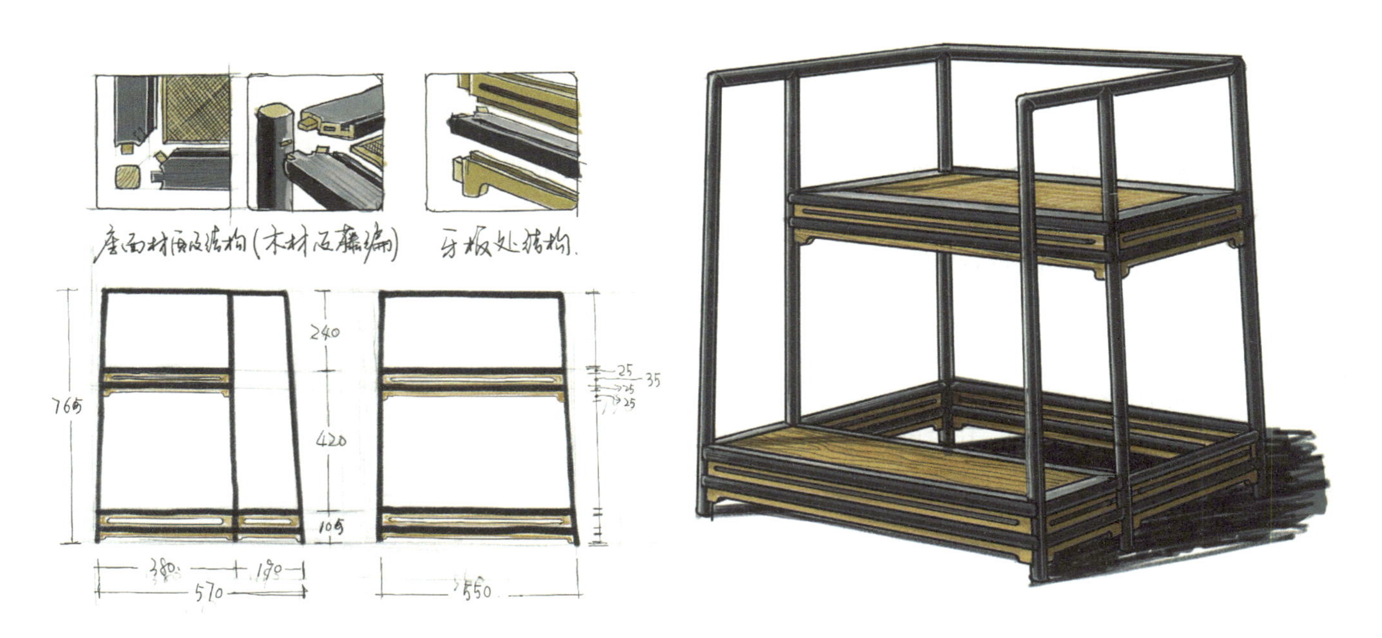


**图 5–4　折背椅的三视图、节点图和透视图**（单位：mm）

**图 5–5　折背椅的场景图**

# 5.2 明代高扶手南官帽椅

## 5.2.1 南官帽椅的造型特征与设计理念

此款南官帽椅（图 5–6）的椅背高度略矮，保持着南官帽椅一贯的高贵、谦恭、包容的气质，其造型特征如下。

搭脑圆融而有弧度，两头细中间大，造型和谐，前低后高，与靠背板一起，营造了亲和舒服的贴背感；扶手后部升高，仅比搭脑稍低，顺势婉转而下，形成接近圈椅的特殊造型，也成就了自己区别于其他官帽椅的独特特点；靠背板三段攒框打槽装板，上段落堂作地，镶透雕龙纹玉片，中段平镶黄花梨板，下段镶落堂卷草纹亮脚，点缀得恰到好处；椅盘以下，四边镶素直券口牙子，显落落大方且平稳坚固。

图 5–6 明代南官帽椅

从整体观之，椅的搭脑、扶手围合成一个半圆形空间；从侧面看，搭脑中段最高，至搭脑烟袋锅榫，再至扶手后端、扶手前端，逐渐从高向低倾斜；使用功能上讲，弓形搭脑的作用是环身抱腰，扶手支撑舒展搭扶的手臂，符合人机工学的设计；从精神气质上讲，上圆下方，上方弧线如绷弓般蕴含力量，下盘直线为主的造型语言形成挺拔刚劲的效果，形成动与静的变化。

坐在椅中，有包裹感，温暖而感安定，又不失斯文和庄重。同时，椅子通体素身更能将木料的纹理特色展现得淋漓尽致。综上所述，高扶手南官帽椅是传统家具中难能可贵的经典式样。

## 5.2.2 南官帽椅的手绘表现

相较于宋代折背椅方正平直的特点，这款南官帽椅在搭脑、扶手和靠背处多了一些曲线造型，因此也增加了绘制的难度。不过，它的绘制仍可从方体开始，关键在于对方体切割的过程中找到这些曲线的关键转折点，之后以平滑的曲线连接即可。图 5–7 的绘制过程详见视频 5–2。

视频 5–2

# 5.3 LCW 休闲椅

## 5.3.1 LCW 休闲椅的设计背景与设计理念

LCW 休闲椅（图 5–8）由伊姆斯夫妇于 20 世纪 40 年代设计。最初，伊姆斯夫妇想做出一种圆滑带曲面造型的木椅，且能够低成本地进行大规模生产。传统实木加工工艺无法满足以上目标，于是他们尝试以胶合板为材料，并对其弯曲工艺进行了大量试验。最终在胶合板弯曲工艺的基础上，伊姆斯夫妇设计并量产了 LCW 休闲椅。

与古典家具由众多复杂零部件构成不同，LCW 休闲椅通体只有 5

图 5-7　官帽椅的三视图及透视图

（a）　（b）

（c）　（d）　（e）

图 5-8　不同角度、不同材质的 LCW 休闲椅

个构件，包括 1 个座面、1 个靠背、2 根椅腿和 1 个连接构件。5 个构件仅需通过木螺钉连接，组装简便。其中，座面和椅背的连接处还用到了圆形的橡胶垫，对人体入座时起到减震和缓冲的作用。这把椅子虽然使用廉价的胶合板制作，但在弯曲技术的支持下，其座面和靠背的曲面造型使椅子呈现出简洁优雅的气质。更重要的是，这些经过严格设计的曲面能够提供更加舒适的坐感。20 世纪 40 年代的大部分家具都是古典和烦琐的，LCW 休闲椅简洁的造型在当时无疑是与众不同和激动人心的。因此，这把椅子一经推出，就被《时代》杂志冠以“世纪之椅”的称号。

## 5.3.2 LCW 休闲椅的手绘表现

LCW 休闲椅的座面和靠背的曲面造型较为复杂，在绘制之前，可先通过三视图确定其整体比例关系，并重点对座面和靠背的曲面转折点和转折线进行推敲和标注，之后可参考第 3 章中的复杂形体的绘制方法进行绘制。图 5-9 的绘制过程详见视频 5-3。

视频 5-3

图 5-9 LCW 休闲椅的三视图、爆炸图及透视图

# 5.4　潘顿椅

## 5.4.1　潘顿椅的设计背景与设计理念

潘顿是丹麦著名工业设计师，后定居瑞士巴塞尔。因其对现代家具设计有革命性地突破和创新，以及对新技术、新材料的研究和运用，被誉为 20 世纪最富创造力的设计大师。他创造出一系列具有未来主义梦幻空间色彩的家具和室内设计作品，

20 世纪 50 年代，绝大多数椅子是由木材制作的，潘顿试图打破北欧传统工艺的束缚，执着地追求抽象几何造型构成和对新技术、新材料的研究。经过与 Vitra 公司多年的共同探索和实验，终于将模压成型的方法用于塑料家具的制作当中，并在 1960 年实现了他的目标，成功试制了全世界第一张用塑料一次模压成型的 S 形单体悬臂椅，这是现代家具史上一次革命性的突破，此椅被命名为“潘顿椅”（图 5–10）。

潘顿椅优雅的抽象几何造型和雕塑形态营造出极强的装饰性和未来感，它线条流畅婉转，色彩饱满强烈，且提供了非常舒适的坐感。时至今日，仍在设计界享有盛誉，并被世界许多博物馆收藏。

（a）

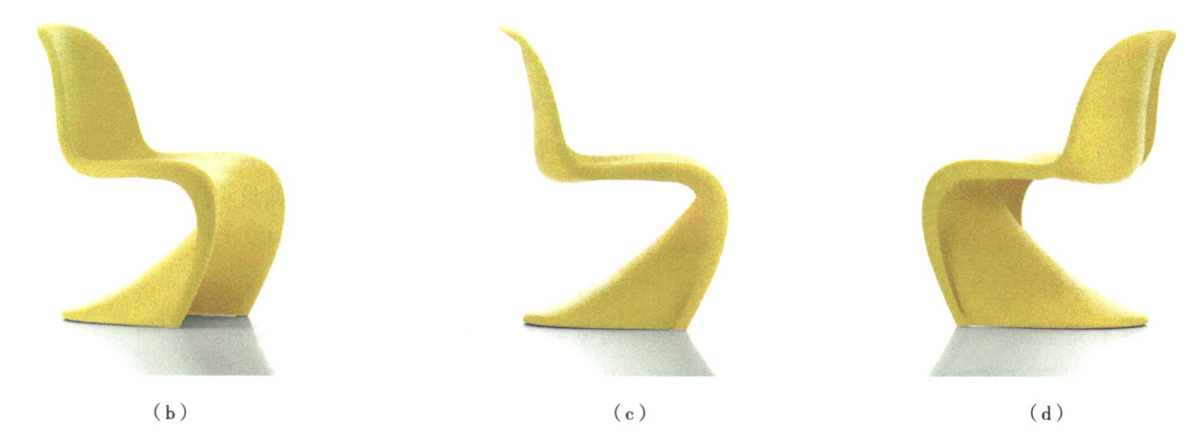
（b）　（c）　（d）

**图 5–10　不同角度的潘顿椅**

### 5.4.2 潘顿椅的手绘表现

潘顿椅整体为一个复杂的曲面形体，可参照第 3 章中的复杂形体的绘制方法，从其剖面线入手开始绘制。图 5-11 的绘制过程详见视频 5-4。

视频 5-4

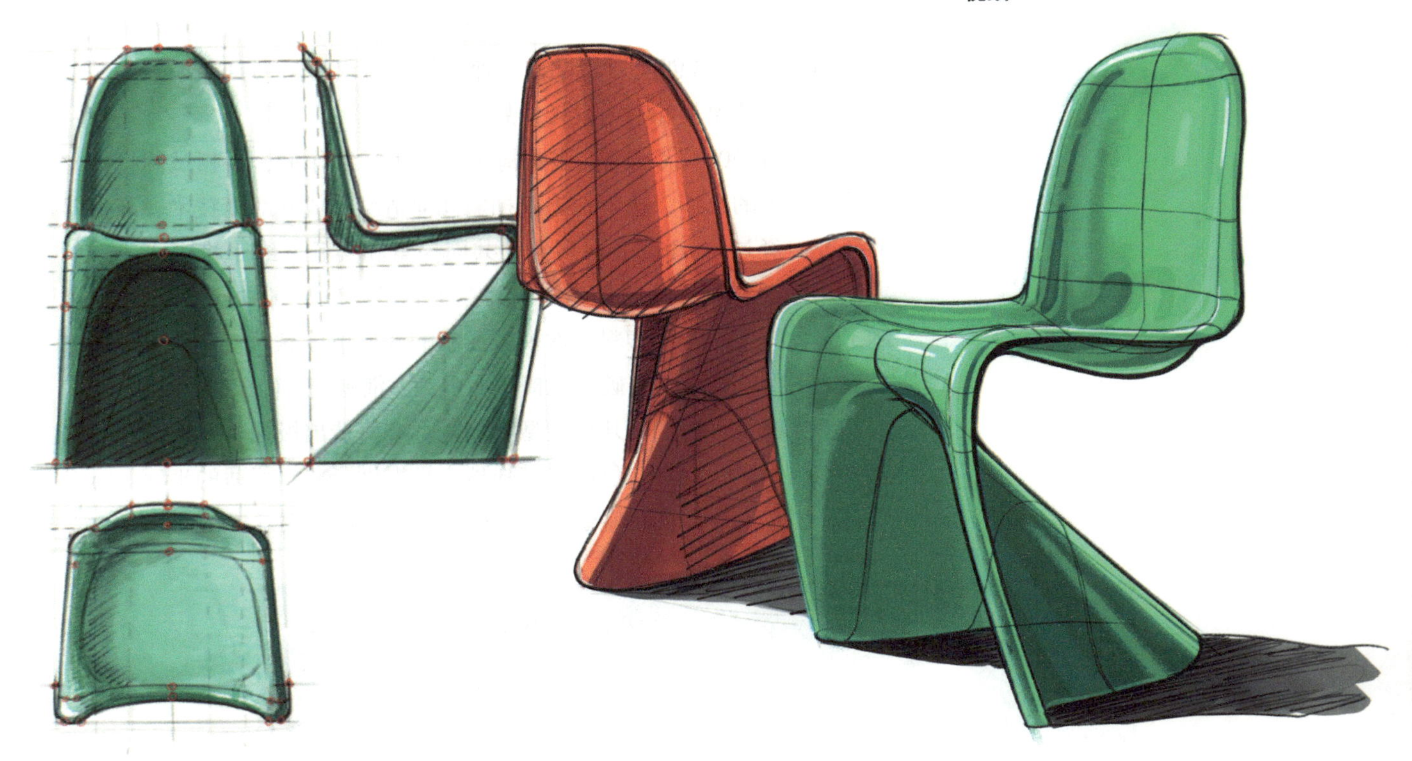

图 5-11 潘顿椅的三视图和透视图

## 5.5 球椅和泡泡椅

### 5.5.1 球椅和泡泡椅的设计背景与设计理念

艾洛 · 阿尼奥是在家具设计中使用塑料的先驱者之一，他高度艺术化的塑料家具作品体现了时代气息。20 世纪 60 年代初，芬兰最大的家具企业 Asko 公司决心改变多年来以木材作为家具设计主要材料的传统面貌，于是邀请阿尼奥为他们设计一款塑料椅。经过两年的探索和试验，阿尼奥终于在 1965 年设计出形似航天舱的球椅（Ball Chair，Globe Chair，图 5-12）。这把椅子从圆形的球状体中挖出一部分或使它变平，形成一个独立的单元座椅，甚至形成一个围合空间。这种前部开口、内部铺软垫的球状椅子不仅外观独具个性，而且塑造了一种舒适、安静的气氛，使用者在里面会觉得无比放松，避开了外界的喧嚣。同时，椅子可以绕着固定在底座上的轴旋转，使用者能欣赏到不同的外界景象，因此感到与外界不完全隔离。这把椅子在 1966 年科隆家具博览会上展出后，阿尼奥一举成名。

同年，阿尼奥又在球椅的基础上设计了泡泡椅（Bubble Chair，图 5-13）。球椅和泡泡椅均造型简洁、色彩鲜艳，是 20 世纪 60 年代乐观和以消费为导向的流行文化的典型象征。

(a)

(b)

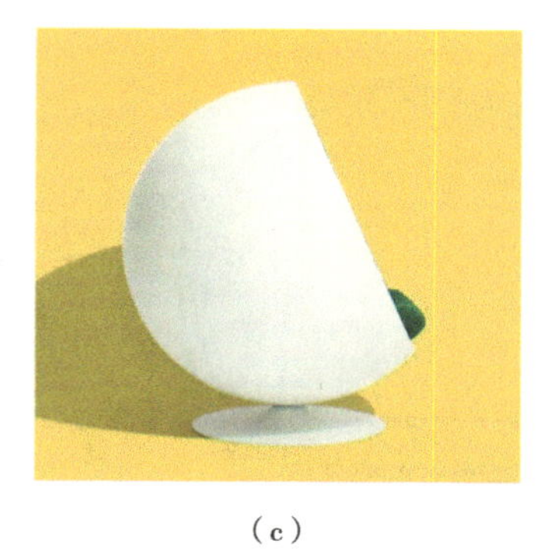

(c)

图 5-12　不同角度的球椅

(a)

(b)

(c)

图 5-13　不同结构的泡泡椅

视频 5-5

### 5.5.2　球椅和泡泡椅的手绘表现

球椅（图 5-14）和泡泡椅的手绘表现可参照第 3 章中的球体的绘制方法。图 5-15 的绘制过程详见视频 5-5。

图 5-14　球椅透视图

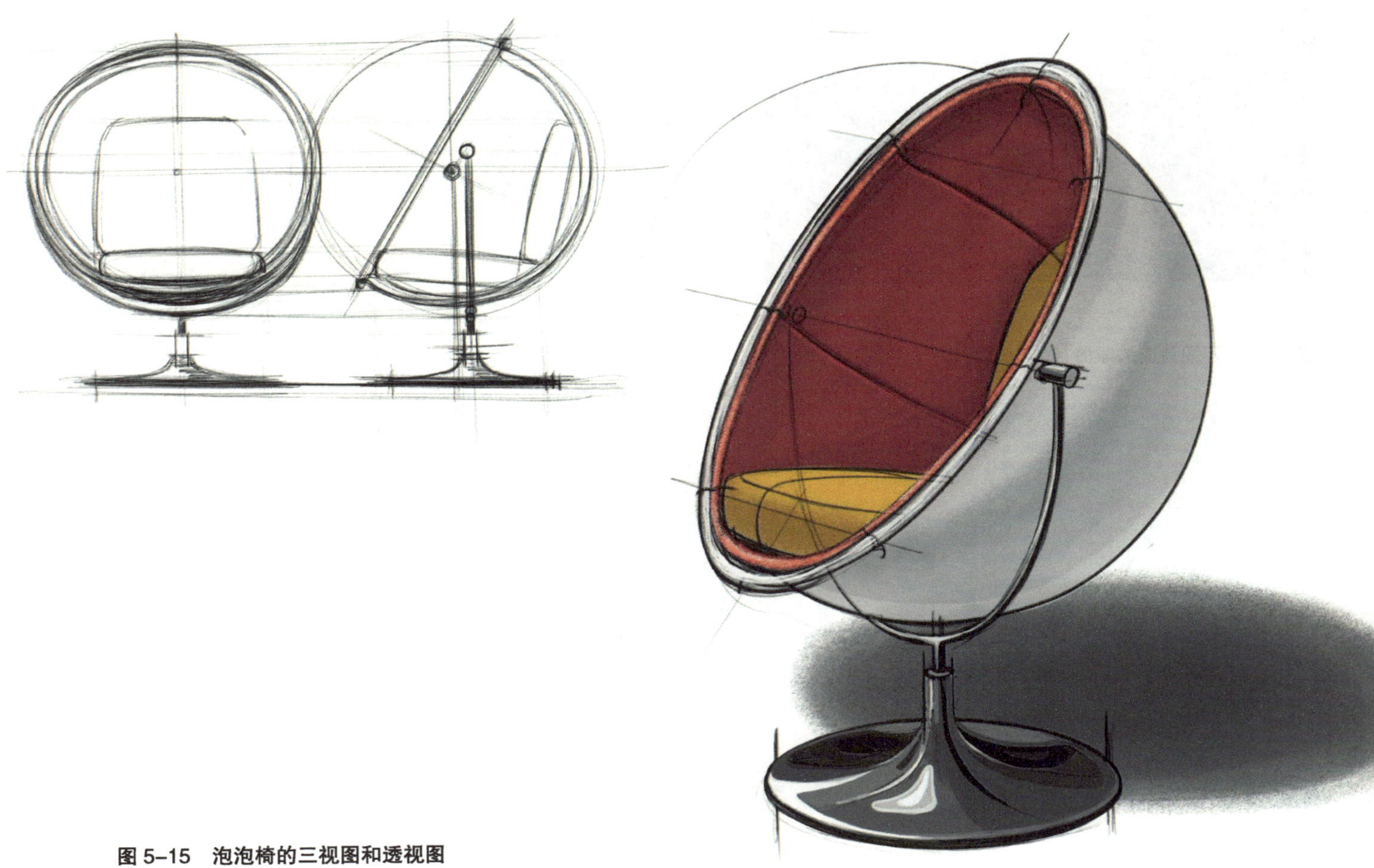

图 5-15 泡泡椅的三视图和透视图

## 思考与练习

1. 任选本章中的 3 件家具进行手绘练习。

2. 选择家具史中的 2 件经典家具产品，阐述其设计背景和设计理念，并对其进行逆向还原。

# 第6章
# 家具产品设计手绘实践

**本章提要**

能够掌握并熟练应用前5章的知识和技巧，便已具备基本的手绘表现能力。但若想顺利地开展家具产品设计工作，还需对家具的造型、结构、材料、工艺以及相关的设计方法等理论知识进行学习和补充。

本章将以编者多年来积累的概念或实际设计案例为样本，尽可能详细地呈现手绘在家具产品设计构思阶段的应用过程，以期初学者能够初步了解家具设计工作。此外，编者也针对家具专业或方向的研究生考试要求对部分案例进行了快题表现，以期为有志于报考家具专业或方向研究生的学子提供一定的参考。

# 6.1 新中式鼓凳的概念设计与手绘表现

新中式鼓凳的设计过程非常简单，编者运用叠加的设计思路，将两个传统鼓凳（图 6-1）按照一定比例融为一体，之后在鼓凳前方设置传统家具中常用的壶门造型（图 6-2），便完成了方案的设计构思。

图 6-1 传统鼓凳　　图 6-2 壶门券口

它的绘制过程与垂直圆柱体类似，只是需要将两个圆柱体交接处用平滑的弧线进行连接（图 6-3）。绘制过程详见视频 6-1。

视频 6-1

图 6-3 新中式鼓凳（单位：mm）

## 6.2　新中式座凳的概念设计与手绘表现

新中式座凳的设计元素仍以壶门造型为主，具有古典美学特征。其壶门轮廓做了凸边处理，既可体现装饰性，又可提高结构强度。与大部分座凳的圆角处理方式不同，此座凳采用了海棠形转角，更具传统美感。此外，座凳依托金属或塑料材料可浇筑的材料和工艺特点，可实现纤薄的造型，从而使其达到可叠摞和节约空间的目的。

视频 6–2

新中式座凳按照座面形状可分为直线型和曲线型（图 6–4、图 6–5），它们的绘制过程详见视频 6–2。

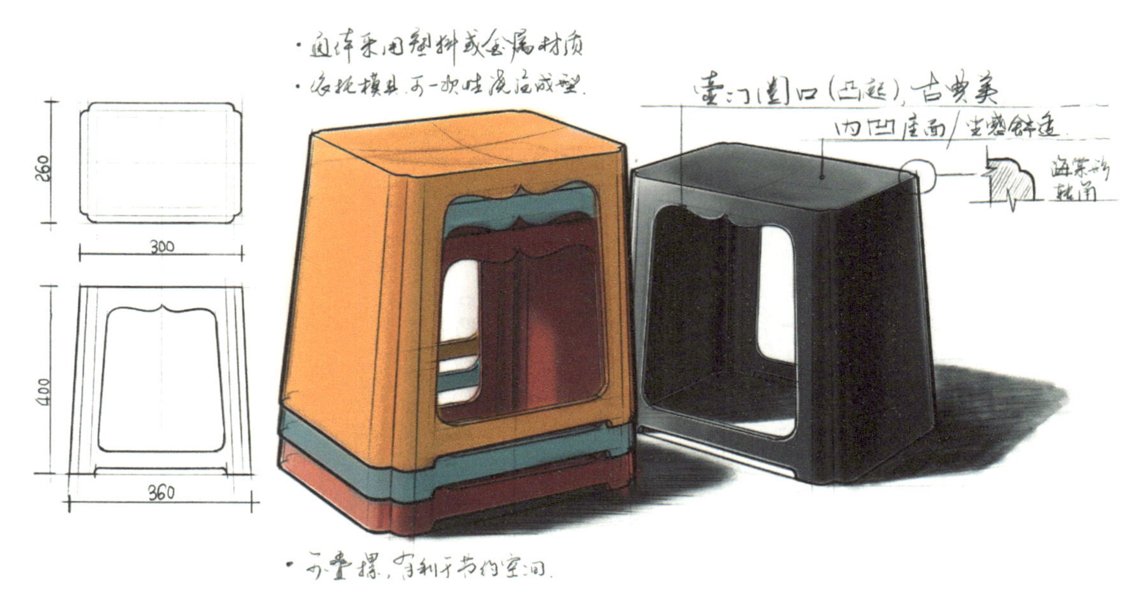


图 6–4　新中式座凳（直线型）

图 6–5　新中式座凳（曲线型）

## 6.3 蛋形椅的概念设计与手绘表现

视频 6-3

蛋形椅（图 6-6）以鸡蛋为原型，根据人体坐姿尺寸，用曲线对扶手和靠背的边缘进行切割，在兼顾舒适度的同时，使方案呈现出优雅和谐的视觉效果。绘制过程详见视频 6-3。

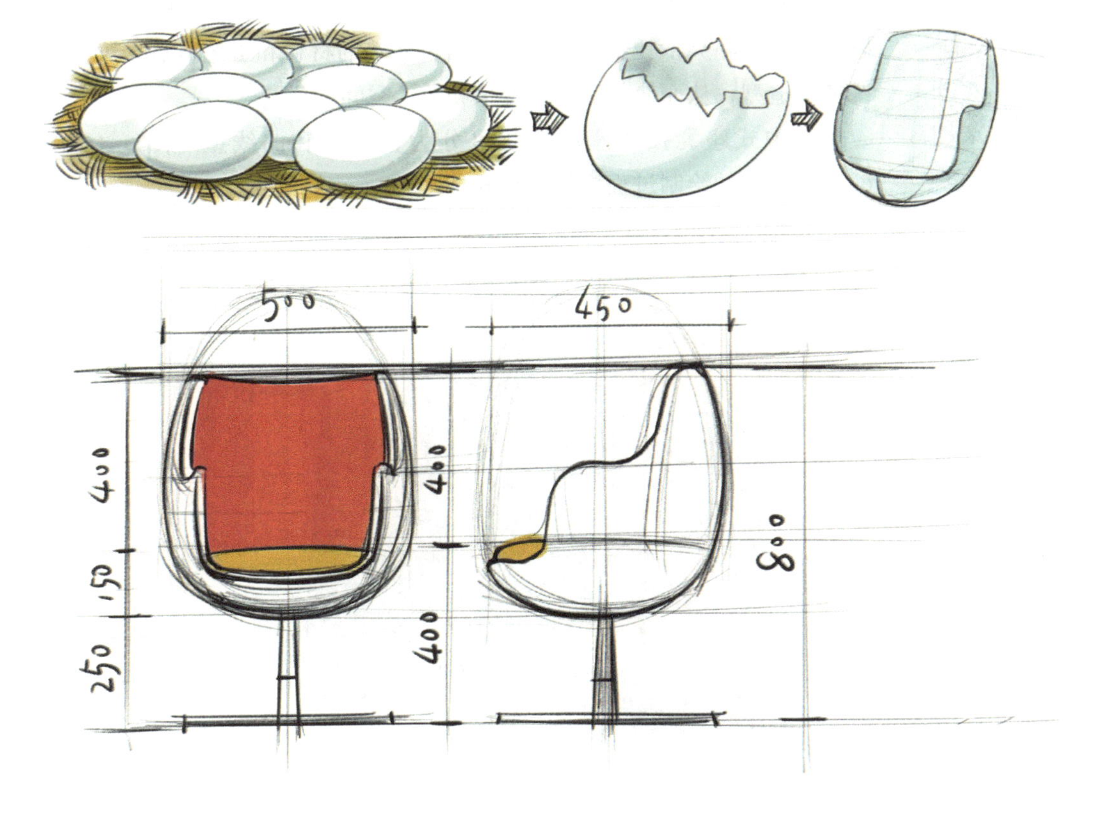

图 6-6 蛋形椅

## 6.4　圆形模块化沙发的概念设计与手绘表现

视频 6–4

方案由形状相互契合的圆形和做挖缺处理的圆形两种模块组成，这种模块化的设计理念使得方案呈现出高度的灵活性和多样性，不仅有利于规模化和批量化生产，也有利于消费者根据自身需求进行灵活选择（图 6–7）。绘制过程详见视频 6–4。

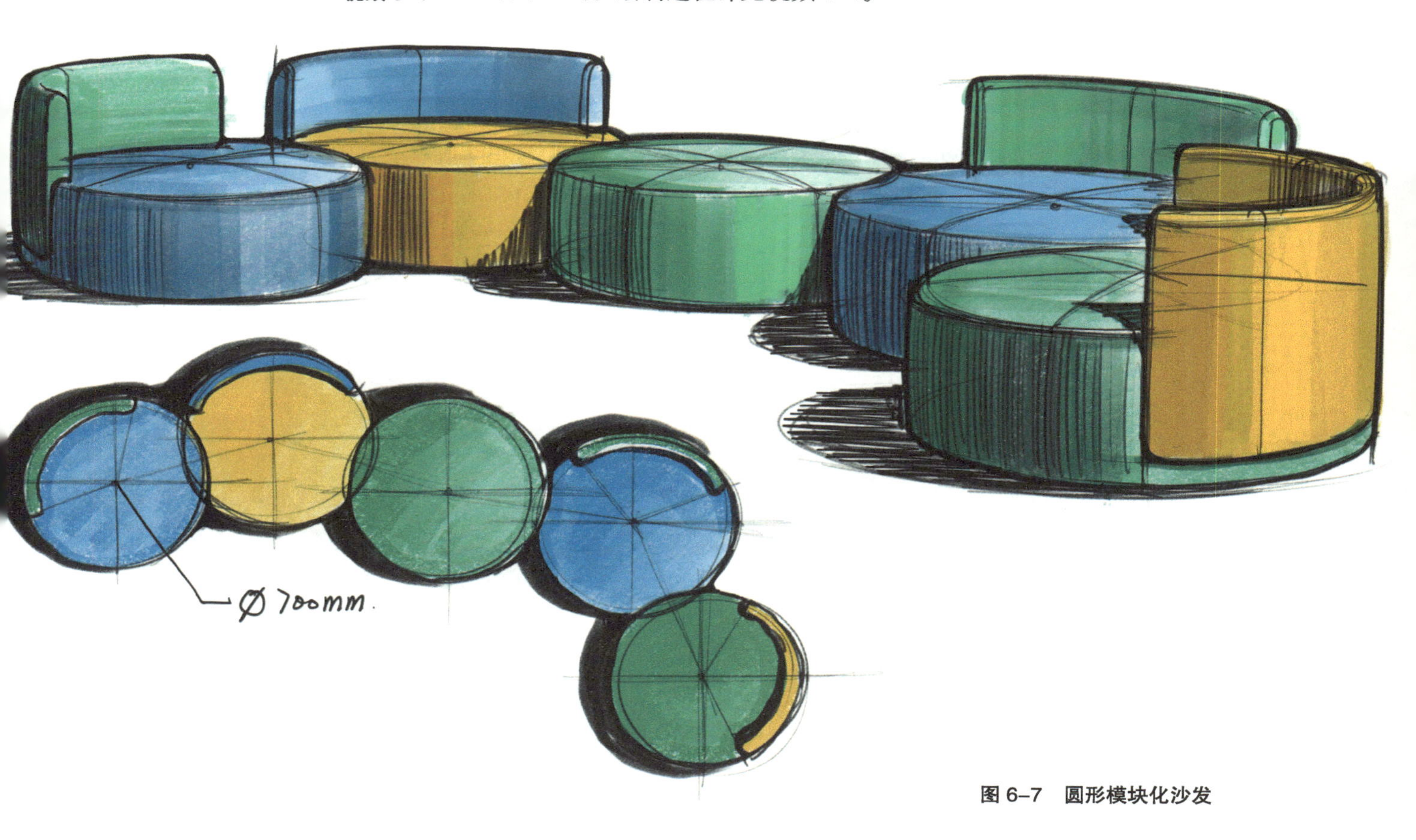


图 6–7　圆形模块化沙发

## 6.5　单人沙发的概念设计与手绘表现

视频 6–5

单人沙发（图 6–8）的设计遵循了极简主义的设计原则，通体以纯粹的几何形态构成，无任何多余的装饰。基于人体工学方面的考虑，将靠背做弯折处理，以实现对人体更好的支撑。绘制过程详见视频 6–5。

## 6.6　印第安风情系列家具的设计实践与手绘表现

在这一系列家具的设计过程中，编者总结出一连串具有代表性的印第安文化符号，诸如他们的羽毛头饰，各种工具上经常出现的“交叉捆绑的绳子”，印第安女子的牛皮短裙，斧头上錾刻的几何纹样等。之后将这些元素加以概括、提炼，并抽象成为家具产品中的设计形态。如图 6–9~图 6–11 所示。

图 6–8　单人沙发

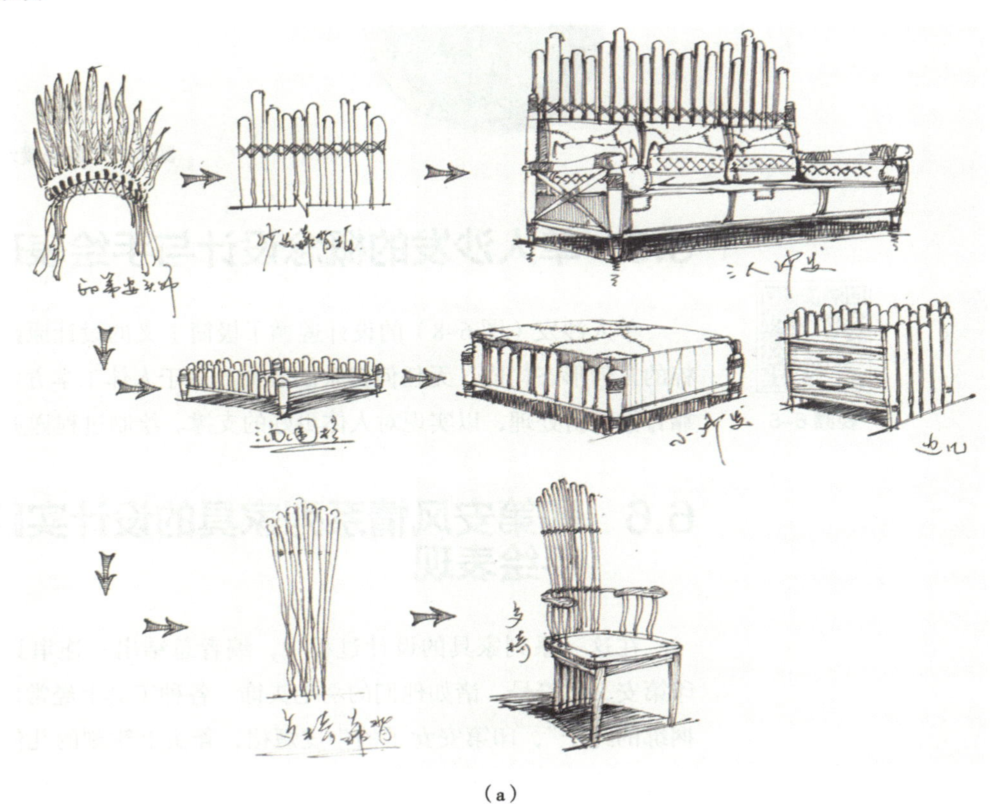


（a）

图 6–9　印第安风情系列家具的设计思路草图

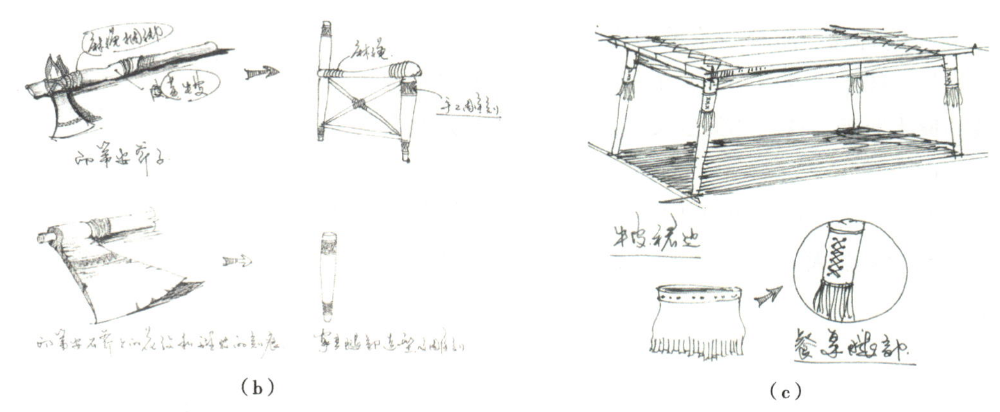

（b）　　　　　　　　　　　　（c）

图 6-9　印第安风情系列家具的设计思路草图（续）

图 6-10　客厅空间效果

图 6-11　计算机效果图

针对印第安文明神秘、质朴、沧桑的文化特质，设计最终选择了船木作为制作材料。船木本身由于受几十甚至上百年的海水浸泡，显现出粗犷、斑驳的原木肌理，这与印第安文明给人们的感觉是契合的，如图 6–12（a）所示。

在加工工艺方面，为体现原始的感觉，在椅腿的雕刻、靠背处的皮条捆绑、坐垫的拼接和缝补等方面都采用了手工加工方式。如图 6–12（b）（c）所示。

（a）

（b）

（c）

**图 6–12　印第安风情系列家具实物效果**

## 6.7　弹性竹凳的快题表现

弹性竹凳（图 6–13、图 6–14）的座面借鉴了鸟巢的造型，采用乱编法编织，可提高编制效率；竹编座面不仅美观而且具有弹性，坐感舒适。座面部分延伸出的竹条与下方的八根竹段相接，更具弹性。底座借鉴了梯田形态，为整体增添了自然属性和韵味。结构方面，通过树脂将竹段与底座伸出的竹条进行连接，不仅牢固，而且可以提高制作效率。总体而言，方案摆脱了传统竹凳的形式特征，既保留并呈现出竹材的天然美感，亦营造出新颖时尚的造型美感，有助于提升乡村竹家具的产品附加值，拓展消费群体，提高乡村地区竹作坊的市场竞争力和经济效益。

**视频 6–6**

绘制过程详见视频 6–6。

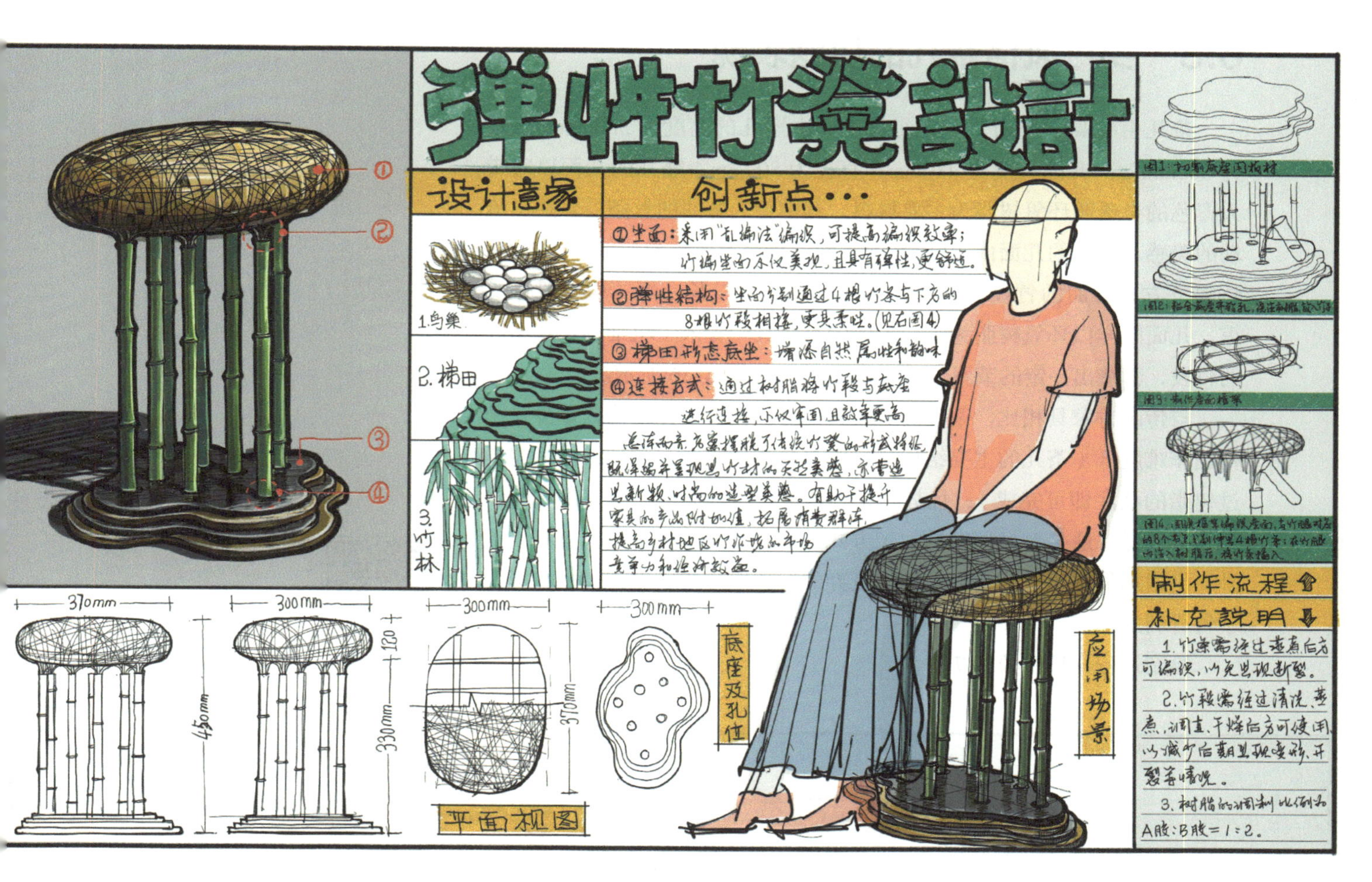


**图 6–13　弹性竹凳快题表现**

**图 6–14　弹性竹凳实物效果**

## 6.8 乡村风格茶几的快题表现

茶几由一高一矮两个单元组成，其中矮几的高度为380mm，直径为600mm，高几的高度为480mm，直径为800mm。矮几的几面以略带天青色的半透明环氧树脂为主要材料，其中置入弯曲的竹条，营造出流动的美感。矮几的几面由10根高度相同、直径有所差异的竹段作支撑，竹腿下方以弯曲的竹段作托泥。高几的几面由三长一短4根竹段作支撑。几面同样以环氧树脂为主，不同的是，其中置入了粗细、长短不同的竹段，营造出一定的节奏美感。如图6–15、图6–16所示。

与传统竹家具相比，茶几具有四大优势。优势一，结构数量少，结构制作难度低（茶几的主要结构是竹段与树脂的结合，此种结构只需通过树脂的浇注即可完成）；优势二，整体工艺流程简单，所需工具和设备成本较低，适合乡村地区的加工方式；优势三，外观独特，有利于提升产品附加值；优势四，巧妙地将废弃的短竹段应用于设计当中，提升了竹材利用率。

视频 6–7

绘制过程详见视频6–7。

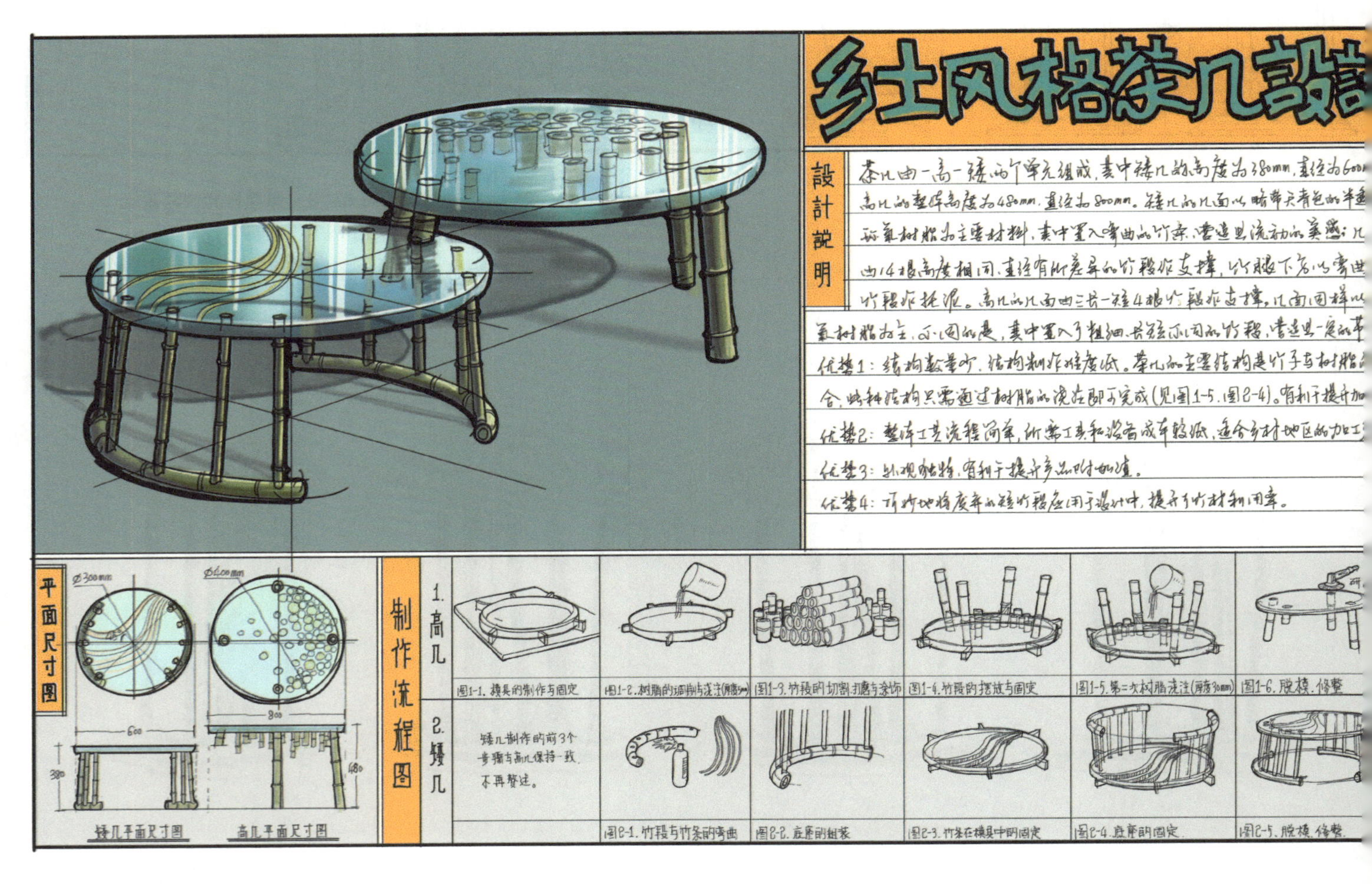


图 6–15 乡村风格茶几的快题表现

（a）整体效果

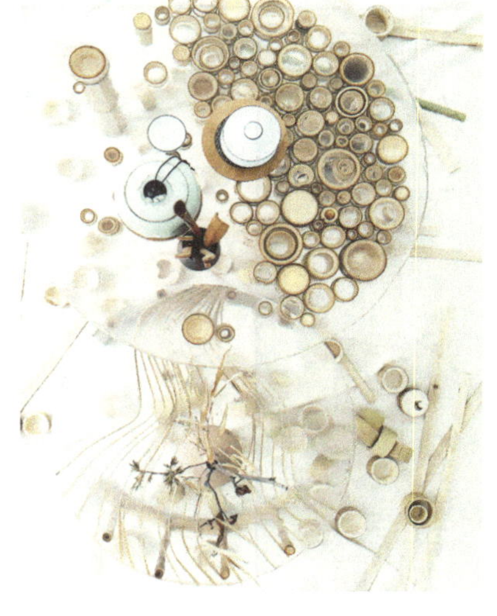

（b）几面效果

图 6–16　乡村风格茶几实物效果

## 6.9　原木几凳的快题表现

材质方面，将原木做简单的切割、砂光处理，保留了木材的边材和心材，以及木材的自然纹理和不规则的圆形边缘，尽可能呈现出自然之美。此外，茶几配玻璃几面，增添了现代感和时尚感。造型方面，并未简单地将玻璃置于木桩顶面之上，而是将原木突出于玻璃几面，使造型更有层次和韵味。结构方面，分别在茶几的上下两块木桩及玻璃几面上开出方形孔位，依靠 4 个方形榫头将其连接固定。如图 6–17 所示。绘制过程详见视频 6–8。

视频 6–8

## 6.10　土丘儿童户外家具的快题表现

方案取象于高低错落的山峦形态，用曲线的起伏营造出韵律感。整体形态能够与户外景观相融合，其本身也具有一定的雕塑感。坐具的尺度以 3~6 岁儿童为依据，便于使用和互动。曲面的造型安全性高，不易发生磕碰。表面材质采用软质陶土，舒适且环保。如图 6–18 所示。绘制过程详见视频 6–9。

视频 6–9

## 6.11　新中式座椅的快题表现

在造型方面，本方案将传统官帽椅的靠背进行了借鉴和变形，将其中的云纹装饰进行了重点处理，保留了圆形开光元素，使靠背板成为本方案的亮点；整体造型采用半包裹样式，使本方案更显开放、包容的气质。工艺方面，采用模压弯曲技术，对本方案的两块实木多层复合板进行弯曲定型；之后用 CNC（加工中心）对雕刻和镂空部分进行重点处理。如图 6–19 所示。绘制过程详见视频 6–10。

视频 6–10

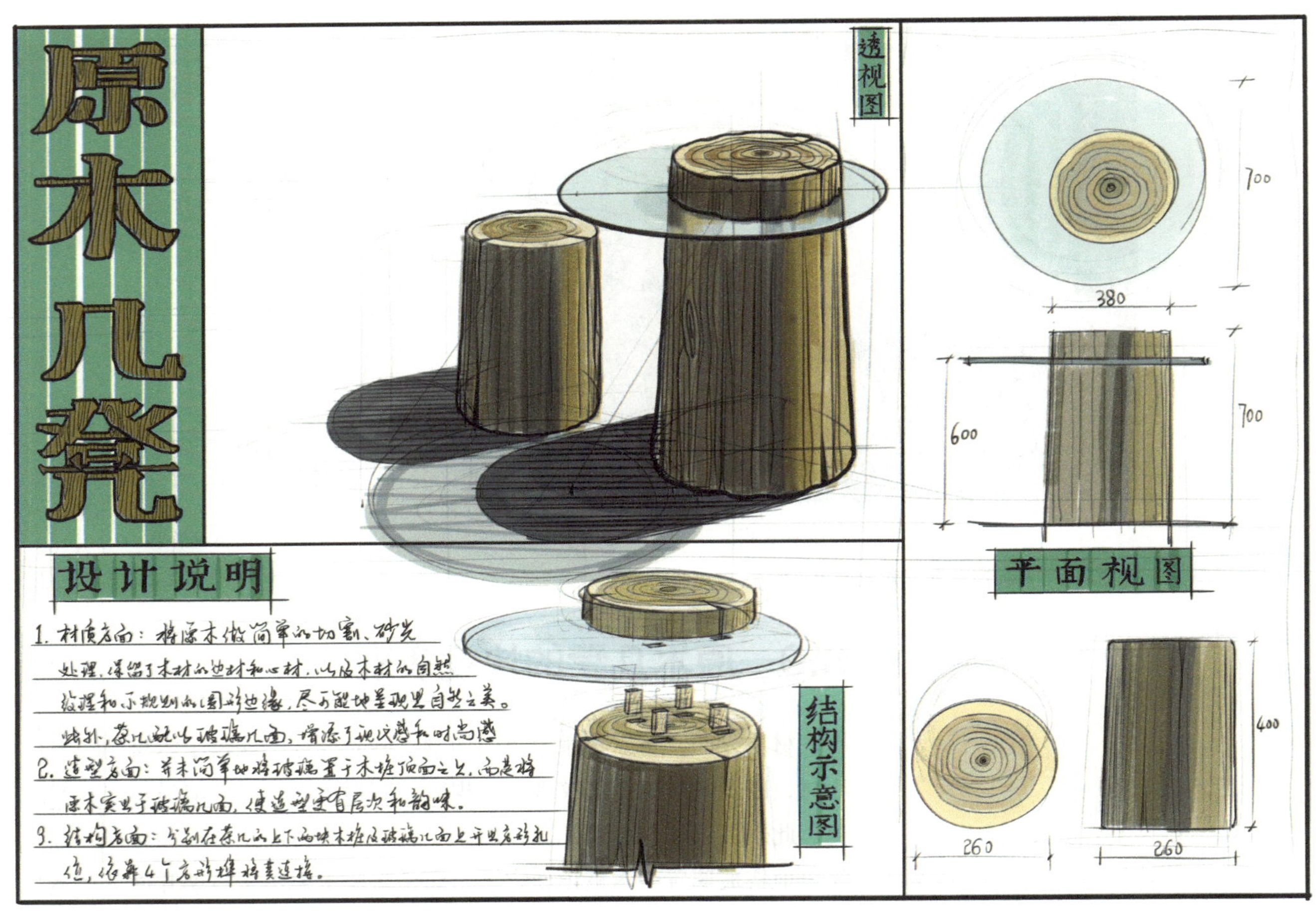


图 6–17　原木茶几的快题表现

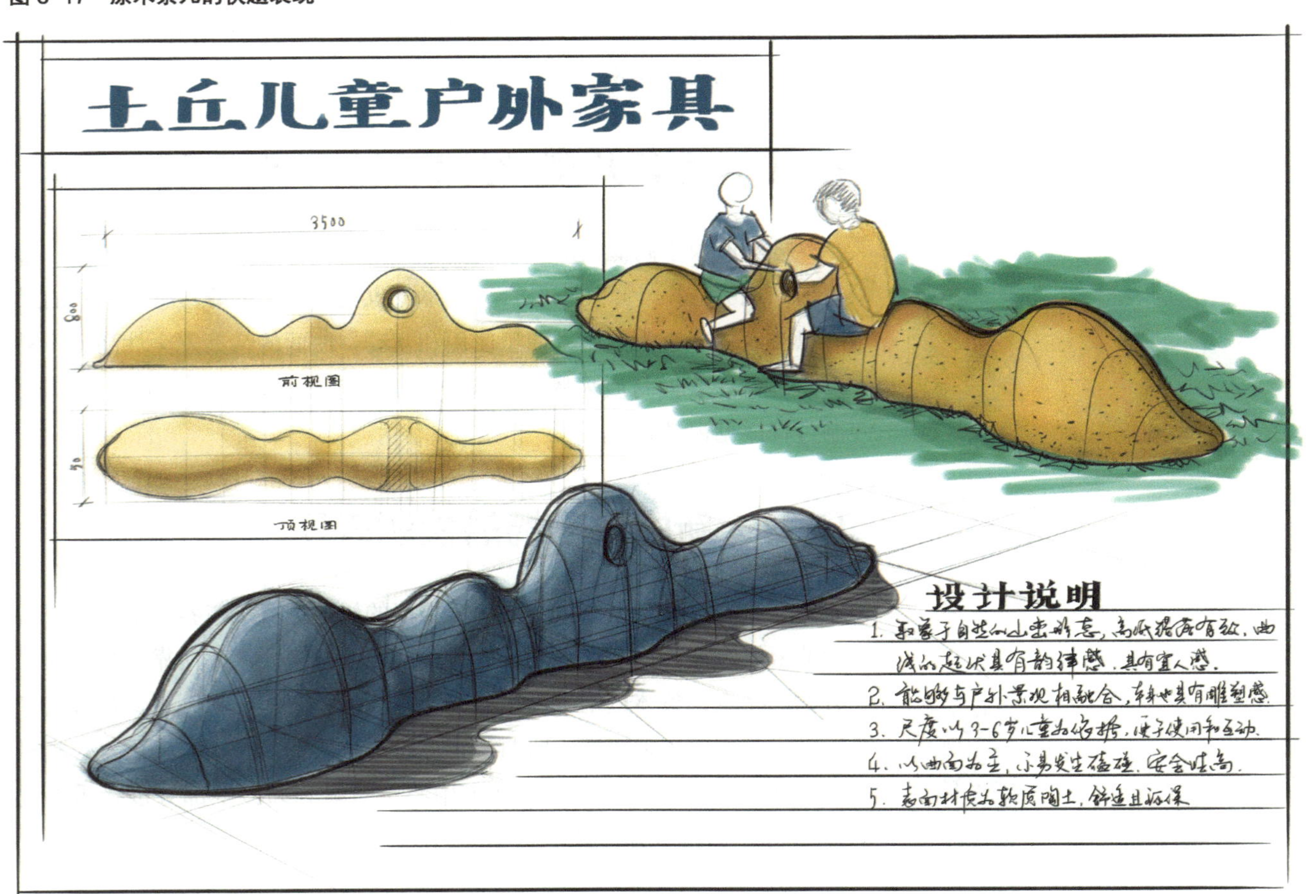


图 6–18　土丘儿童户外坐具的快题表现

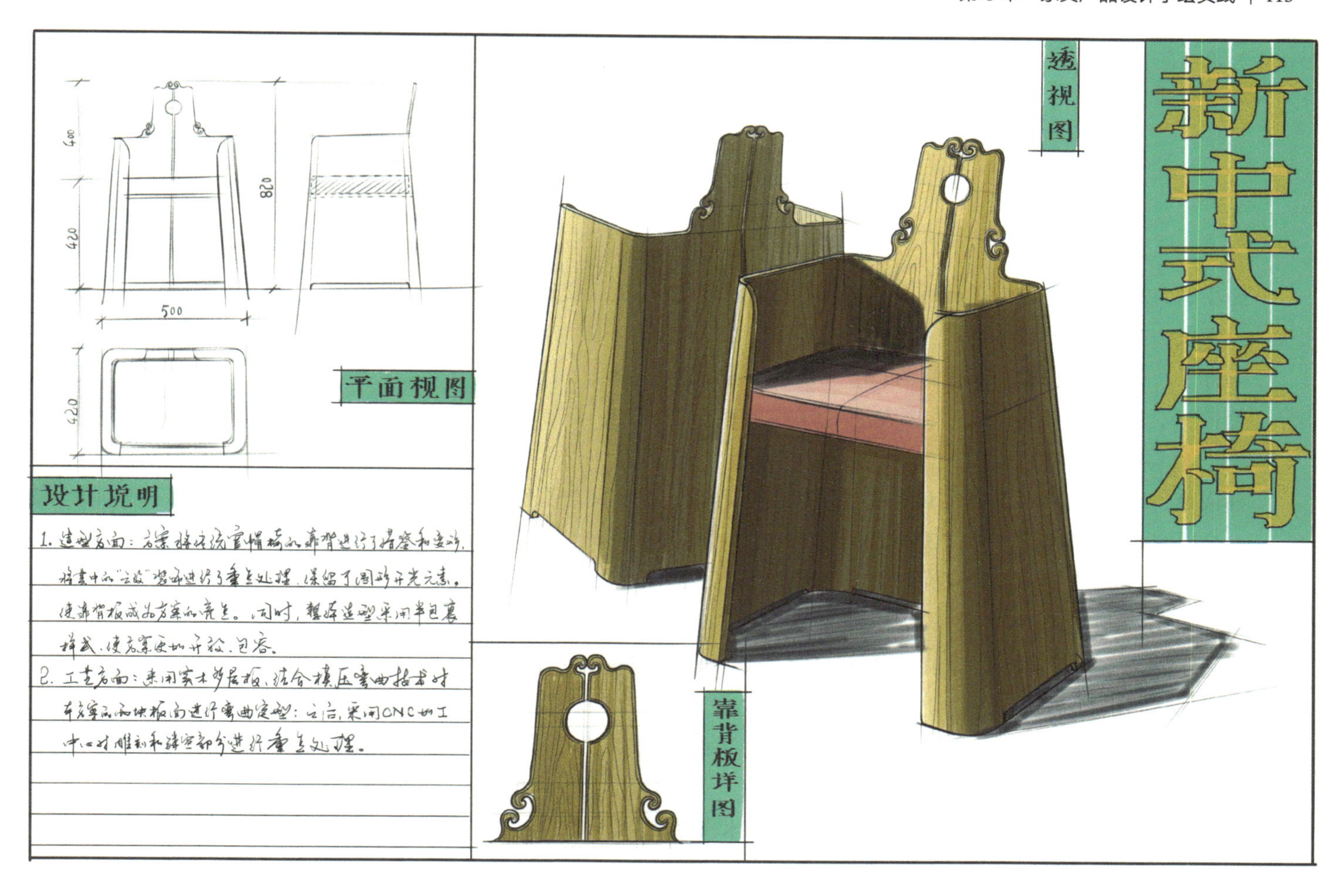


**图 6-19　新中式座椅的快题表现**

## 思考与练习

1. 任选本章中的 3 件家具产品进行手绘练习。

2. 在 A3 规格的纸张上以新中式风格座椅为主题开展快题表现。

3. 在 A3 规格的纸张上以“家具设计助力乡村振兴”为主题开展快题表现。

# 参 考 文 献

陈小娟，2020. 线条分析在产品手绘表达中的运用研究 [J]. 兰州交通大学学报，39（6）：142–145.

冯开平，莫春柳，2023. 工程制图 [M]. 北京：高等教育出版社 .

韩凌云，2017. “家具设计手绘表现”课程的教学思考 [J]. 美与时代（上）（4）：116–117.

郝南南，杨勇波，2022. 产品设计专业手绘课程思政元素挖掘与隐性融合研究 [J]. 湖南包装，37（3）：180–183.

黄骁，2023. 教学逆向设计研究与实践：以产品设计手绘课程为例 [J]. 设计，36（15）：86–90.

库斯・艾森，罗斯琳・斯特尔，2016. 产品手绘与设计思维 [M]. 北京：中国青年出版社 .

库斯・艾森，罗斯琳・斯特尔，2018. 产品设计手绘技法 [M]. 北京：中国青年出版社 .

梁军，罗剑，2013. 借笔建模 [M]. 沈阳：辽宁美术出版社 .

刘传凯，2007. 产品创意设计 [M]. 北京：中国青年出版社 .

宋歌，2023. 平板绘画在产品手绘课程中的实践应用 [J]. 大观（2）：155–157.

王旭磊，关莉，高阳，等，2023. 基于新工科背景的工程制图案例型教学的思考与探索 [J]. 创新创业理论研究与实践，6（16）：40–42.

杨孟杰，2020. 谈产品手绘技法教学中设计表达能力的培养 [J]. 戏剧之家（4）：159.

张薇，李鹏，陶毓博，2015. 家具设计中手绘表现与创造性思维的关系 [J]. 设计艺术研究，5（5）：49–55.

赵辰龙，2021. 基于“互联网 +”背景下产品设计手绘课程的实践教学改革 [J]. 艺术教育（1）：226–229.